珍藏本
纪念版

汉译世界学术名著丛书

德国的科学

（修订译本）

〔法〕皮埃尔·迪昂 著

李醒民 译

商务印书馆
SINCE 1897 The Commercial Press

2017年·北京

Pierre Duhem

GERMAN SCIENCE,

SOME REFLECTIONS ON GERMAN SCIENCE,

GERMAN SCIENCE AND GERMAN VIRTUES

汉译世界学术名著丛书
（120年纪念版·珍藏本）
出 版 说 明

2017年2月11日，商务印书馆迎来120岁的生日。120年前，商务印书馆前贤怀揣文化救国的理想，抱持“昌明教育，开启民智”的使命，立足本土，放眼寰宇，以出版为津梁，沟通中西，为中国、为世界提供最富智慧的思想文化成果。无论世事白云苍狗，潮流左右激荡，甚至战火硝烟弥漫，始终践行学术报国之志，无改初心。

逐译世界各国学术名著，即其一端。早在20世纪初年便出版《原富》《天演论》等影响至今的代表性著作，1950年代后更致力于外国哲学和社会科学经典的译介，及至1980年代，辑为“汉译世界学术名著丛书”，汇涓为流，蔚为大观。丛书自1981年开始出版，历时三十余年，迄今已推出七百种，是我国现代出版史上规模最大、最为重要的学术翻译工程。

丛书所选之书，立场观点不囿于一派，学科领域不限于一门，皆为文明开启以来，各时代、各国家、各民族的思想与文化精粹，代表着人类已经到达过的精神境界。丛书系统译介世界学术经典，引领时代思想，为本土原创学术的发展提供丰富的文化滋养，为推动中国现代学术和现代化进程做出了突出的贡献。

为纪念商务印书馆成立120周年，我们整体推出“汉译世界学术名著丛书”120年纪念版的珍藏本，寄望既利于文化积累，又便于研读查考，同时向长期支持丛书出版的译者、编者和读者致以敬意。

两甲子后的今天，商务印书馆又站在了一个新的历史时间节点上。我们不仅要铭记先辈的身影和足迹，更须让我们的步伐充满新的时代精神。这是商务人代代相传的事业，更是与国家和民族的命运始终紧密相连的事业。我们责无旁贷，必须做好我们这代人的传承与创造，让我们的努力和成果不仅凝聚成民族文化的记忆，还能成为后来人可以接续的事业。唯此，才能不负前贤，无愧来者。

商务印书馆编辑部

2017年10月

目　　录

英译者序言 vii

我担心，不论增添《德国的科学》的解释，还是增添皮埃尔·迪昂一生的工作，我都是在做无意义的事情。我乐于把这些任务留给其他知识比我更为渊博的人。不过，给读者说几句告诫的话，也许是适逢其时的。

一般读者是稀有的，文雅的读者在今天几乎不存在。那些仔细阅读这些书页的人往往会是学术专家，他们在职业上并非天真无邪，仅仅由于这里和那里明显离奇古怪的段落而反感，因为这种段落越过他们的下意识偏爱的阈限。但是，稀有的一般读者可能因迪昂一些乏味的议论而变得简慢。例如：当作者通过把演说中的"法兰克人性(Frankness)"① 与对基督教徒的训谕——他们赞成就说赞成，不赞成就说不赞成(to let their yeas be yea, their nos, no)——等同起来而结束第四讲之时；当他从赞颂德国人克劳修斯、亥姆霍兹或卡尔·弗里德里希·高斯的科学中的平衡和完美(第四讲)，经由"德国的科学"的草率归纳，进展到"日耳曼的科学是高卢的科学的女仆(scientia germanica ancilla scientiae gallicae)"的概括(结论，"对德国的科学的若干反思")之时；或者，当他在第

① 法兰克人(Frank)是日耳曼人的一支。——中译者注

四讲以无声的怨恨取笑德国人在他们的爱国主义中从所欲求的结论逻辑地前进到必需的前提，或取笑他们一方面对观念论像患精神分裂症般的喜爱，另一方面他们却在烟斗、泡菜和啤酒中寻欢作乐之时——当他做这些事情的时候，我们在对真理的认可和对虚假的厌恶中退缩，并且沉思："噢，是的。1915 年春。传道总会。爱国的鲜血。"于是，我们也许无意识地易于估计，迪昂不得不说的其他所有话语中都含有偏见成分，因为我们现代的罪人发现很难宽恕那些基督教徒——法国的和德国的基督教徒，要知道他们的爱国主义是如此激烈，以致它导致他们至死玩弄辞藻、含沙射影，捍卫继续存在的属于基督教世界一切，捍卫继续存在的属于西方文明的许多东西。

viii 我们常常对迪昂的结论持怀疑态度，尽管他明显地试图公正，尽管他批评条顿人的东西与其他当代谩骂相比是温和的，尽管他缺乏极端的沙文主义——修改斯坦利·L.雅基在"引言"中的用词。但是，在这部著作中，显然存在许多有价值的东西，无论如何不应该贬低它们。例如，我们珍惜迪昂在诸如"若干反思"中的第 92—93 页[①]("我们能够且将要设置"……"我愿意它如此，我命令它如此；让我的意志处在理性的位置。")关于排他的演绎心智无理性的、出于意志失常的那些段落中刻画的显露内心活动的特征。(今天，在公理系统中这样半随意、半诡诈地陈述前提，我们以某种恰当性往往会称其为"做游戏"。)我们珍重他关于历史的卓识("不存在任何历史方法，也不可能存在任何历史方法"，第三讲)。我们

① 此页码指原书页码，即本中译本边码。——中译者注

特别欣赏，正是在第三讲末尾，他对丧失常识的强大演绎智力的后果做出有效的观察评论：这种智力认为，从任意假定的原理——这些原理也许是无意识得到的，但却被指定服务于一项事业——出发，“依据法则演绎出的每一个推论”都是真的。实际上，正像迪昂指出的：“在无赖中，这是最危险的。他们充满像二加二等于四一样确定的自信，毫无悔恨之心。”

不过，我们还可能易于低估迪昂的努力，这不仅仅是因为这种努力的爱国主义由于我们的敏感而夸大了。例如，我们之所以可能低估，是因为我们看见他卷入一些明显的不一致。我们看到他告诫他的法国听众，反对条顿大学最终的诉求——长官本人说过，而他自己也颁布他自己的“本人说过”。再者，我们看到他大胆讲出反对从库萨的尼古拉到黑格尔的条顿人心智的那种想象中的失常（参见第一讲末尾），这种失常是从对立统一（coincidentia oppositorum）的“诡辩的”前提开始的，而他的“民族”英雄帕斯卡 ix
也毫不犹豫地提出“科学具有相遇的两极”，却没有就有学问的无知（De docta ignorantia）做出进一步的建议（参见№. 327，Trotter Translation，*Pensées*）。

专业读者会在整本书中挑选和择取他的某个方面，我希望他在搜寻他的职业的奥秘中心满意足。但是，稀有的一般读者——如果他无论如何像这个临时的、普通的译者的话——会撇开迪昂竖立和吹倒的明显漫画般的稻草人，并把注意力集中在异常公正之处；例如，当他论述（第四讲）真正的科学天才，即既不知道地理地域、也不知道国家地域，而他的唯一处所是在人类心智中的天才时，作者能够具有这样的公正。尤其是，我希望这样的读者会发现迪昂对于帕斯卡在几何学精神(espirit géométrique)和机敏精神(espirit de finesse)之间区分的深思,这些深思提供了共同支撑这本小书的斑驳陆离内容的主题和论题,仅仅这一点就值入场券的价格。

我们也许过于寄希望于帕斯卡精神了,帕斯卡在写到他力求战胜的伟大敌手笛卡儿和蒙田时,他可能开明得足以在他们中认识他自己。他指出:“没有一个人称另一个人为笛卡儿主义者,除非他自己是笛卡儿主义者。”他还表明:“并不是在蒙田身上,而是在我自己身上,我才发现我在他那里看见的一切。”[*Pensées* (Trotter Translation). New York:Dutton:Nos. 52,64]像《思想录》的作者一样,虽然我必须承认不喜欢“数学家”(因为他会倾向于把我误认为是一个命题),但是我发现,数学家无法摆脱地与我有密切关系。把我们像在我们自己之内一样彼此隔开的莱茵河,不是在沙夫豪森(Schaffhausen)瀑布似地下落的河流。为科学提供真正祖国的高卢并不是凯撒获得的被分裂为三部分的高卢。我们的总和即德国佬全体(Nous sommes tous des Boches)[1]。人们相信迪昂了解这一点。

① 读者如需弄清楚这几句话的含义,请查阅相关的历史书籍或百科全书,以详细了解高卢人及其居住和流徙地域的变迁史。——中译者注

感　　谢 x

感谢这样一些人是我的特殊荣幸，没有他们的合作这个译本也许是不可能的。十年前，斯坦利·J. 雅基就表明，这部著作值得注意，并提议我翻译它。其间数年，在我自己的生活中经历了最具潜在危险的地带，他始终如一予以关照，守望该著作将近出版。但是，我受惠于他的，是比他对这个微薄译本的牵挂远多的东西。雅基的大部分工作，实际上他的得体的苦行主义生活，对我来说是一种强有力的激励（它们对如此之多的其他人也是这样），我为有机会向他致以称颂而感到快慰。

我的工作得到来自 the Marguerite Eyer Wilbur 基金会给予的资助，对于它在这个或那个场合的帮助，我仍然真诚地感激。对于基金会主席 Russell Kirk 博士以及他的妻子和忠实的合作者 Annette Kirk，我应该讲比在序言中能够得体地表达的还要多的话语。他们一生的每一项成就都是异乎寻常的，他们的鼓舞人心的榜样，他们的深切的和正直的宽厚。虽然他们个人造诣的杰出特征在理论上是可辨别的，但是事实上他们在夫妇关系上是不可分离的，他们的“联合的价值”是历史性的。我长期深深地受惠于他们的精神和内心的信任，他们的社会的和公民的高尚行为，他们的个人的恩赐。

其他许多人在这本幼稚的译著出生前给予关切，包括 Open Court 出版社的 David Ramsay Steel，他热切地和同情地协调《德国的科学》出版的职业细节。Notre Dame 大学现代语言系的 Bernard Doering 博士定期帮助我尝试，使我的打短工的翻译技能向纯熟进展，并且在我所珍重的私人友谊的精神方面也是这样做
xi 的。Seton Hall 大学的 Anne S. Williams 女士把我弄糟的许多打字机译文手稿转变为十分清晰的文字信息处理机的打印文本，为此我应该极为感谢她。爱丁堡的 Niall Martin 在其他这些人中担当首领，他是一位独立的学者和迪昂工作的娴熟解释者。Martin 博士仔细阅读了我的整个译文，诚恳评论麻烦的段落，同时定期提供有价值的文体上的忠告。我感到，在此处有机会表明，为了得出在我提出的译文段落和迪昂法文的一致部分之间的关系，需要与正确解释弯钩爪鸟的飞翔技能相当的技能。对于 Martin 的才能、他的关注和技艺娴熟的预兆，我深表谢忱之意，他把这一切慷慨地供我随意支配。

在这里，我必须支付我最后的债务，尽管我永远也不能全部清偿它。亏欠我的孩子的时间和精力是多年间定时地从他们那里偷来的，而代之以用来完成这个或那个类似的琐屑冒险。年龄不能偿还青春时期失去的东西，把人一生的各个阶段不恰当地按顺序排列的过错，虽然在情理的经济中是可以宽恕的，但是在天性的经济中却是难以除去的错误。

因此，在部分支付我盗用他们的那种东西时，我把本书奉献给我的孩子。我把这种偿还的象征发送给每一个人——他们的名字叫 Thomas、Siobhan、Nora、Matthew、Seoffrey、Mark、Arthur、

Kathleen、Sean、Jean、Christopher、Brendan，还有一个活了不长时间，不足以承受一个名字——我请求原谅。

约翰·莱昂(John Lyon)

Hillsdale 学院

1991 年 6 月

引　言

斯坦利·L. 雅基(Stanley L. Jaki)　xiii

1916 夏天,皮埃尔·迪昂草草记下一本书的简要提纲,他没有活着写完它。那年 9 月 16 日,沉重的心脏病打击[①]结束了现代最富有创造力的生命之一。过度的工作是他在五十四岁相对早逝的一个原因。在 1884 年,他作为高等师范学校二年级的优等生,以物理学家的身份开始发表论文,到三十二年之后他去世之间,他的出版物增加到远远超过两万印刷页。它们不仅证明他在他所选定的理论物理学领域,而且也在物理学哲学和物理学史中的透辟的学识。迪昂在他的时代是第一流的热力学家,以吉布斯-迪昂方程这一持久成就获得荣誉。他在流体物理学方面的研究,最近吸引了等离子物理学学生的兴趣。作为科学哲学家,他因他的《物理学理论的目的与结构》依然是权威,人们还在详细地探索它的丰富性和独创性。他的单枪匹马的发现和关于经典力学的中世纪起源的大量文献资料证据,使他成为现代科学编史学的创立者,而现代科学编史学对准的东西比培根、孔多塞、孔德及其后来的同盟者遗

① 他的女儿关于法国的最后胜利难以预料的评说,足以有力地触发心脏病。有关这篇引言提及的这个细节以及其他细节,读者在我的著作《不适意的天才:皮埃尔·迪昂的生平和工作》(*Uneasy Genius: The Life and Work of Pierre Duhem*, Martinus Nijhoff: The Hague, London and Boston, 1984)中会找到大量的文献资料证据。

赠的老生常谈远为健全。

xiv 此外，迪昂也是一位最真诚的教师，总是听凭他的学生之便。他起初在里尔（1887～1893）教书，接着在雷恩（1893～1894），最后在波尔多（1894～1916）。尽管迪昂颇有声誉，但是他却被否决得到巴黎的大学教授职位，这是他经受的另一次磨难，虽则不是最沉重的磨难。看一眼他失去亲人（他的妻子在 1892 年即他们结婚第三年生孩子时去世）流露出的感受，这可能加重他的精神负担，他的心脏终究无法应对这种重负。可是，在 1916 年，迪昂痛心疾首的，不论与学术事务还是与家庭事务均无关系。到那时，他已经八年独居应对生活了。他的独生女儿埃莱娜自 1908 年离家，每年大部分时间在巴黎，她在那里作为慈善组织的辅助人员，帮助市郊的年轻女工。对于像迪昂这样的爱国者来说，他因为不能参与繁忙的服务并送儿子上前线而灰心丧气，1916 年夏天尤其是一个令人沮丧的时期。德国人刚刚在凡尔登被击败，但其代价是五十万法国人伤亡。这个代价之大，几乎像法国人 1916 年夏初开始在马恩不成功的反击一样。不仅法国，而且欧洲都精疲力竭。

即使远离前线的人也不可避免地感觉到，第一次世界大战在战争史上是某种新东西。直到那时之前，是人与人搏斗，因而大屠杀受到限制。但是，在第一次世界大战中，由于严重地依赖像瓦斯、机关枪、坦克和潜水艇这样的新式武器，大屠杀首次变得成批施行。战争更多地不再是个人勇敢的问题，而是技术精良的事情，而技术精良主要取决于在支持战争时利用科学。双方的化学实验室在战争拖延中起了关键作用，这已经是公开的秘密。在英国和德国两国不得不发明黑色火药的主要配料合成硝酸盐，因为双方

都不可能得到大部分在智利开采的天然硝石。 xv

在迪昂眼里，科学有助于产生的大规模屠杀，是达到最严重罪恶的科学滥用；对迪昂这位虔诚的天主教徒来说，这是反对圣灵的罪恶，是禁阻仁慈的罪恶。在1916年夏天，迪昂计划写书的要旨就是这样的。它也许是这里所翻译的书的续集，像本书一样，它恐怕也是在波尔多大学天主教学生联合会的赞助下，以公开讲演的形式发表。

当然，认为迪昂会变成倡导单方面放下法国人武器的和平主义者，那就完全错了。他不是一个忘记现实世界的白日梦者。作为一个基督徒，他知道，问题的真正根源不是科学和技术，而是人的堕落的本性。他也知道，虽然原罪教义在经验上是所有基督教教义中最明显的（对切斯特顿格言释义），但是它也是世人抵制得最厉害的教义。当随着广岛而来的严重告诫——不是铀，而首先是人的心灵需要净化——出自非基督教徒方面（特别是爱因斯坦）时，事实上几乎没有产生什么作用。

有关本书可能成为一个主题的有价值的介绍，不过就是这样。正如本书表明的，像迪昂是一位写作大家一样，他同样也是思想大师。在法国，早在撰写本书之前二十年，迪昂在行进途中就是高超的科学普及（haute popularisation）的主要人物。头三篇系列文章是他应邀为在法国——即使不是在全世界——最有威信的双周刊《两个世界评论》（*Revue des Deux Mondes*）就热力学这门新科学所写文章，但是紧随头三篇成功而来的，《评论》的编者却迫于“高层职位”的压力告诉迪昂，该系列不得不半途而废。“高层职位”意味着马塞兰·贝特洛掌控的强权圈子，他在作为实验化学家的显 xvi

赫之中，又添加了第三共和国主教的角色。

贝特洛对迪昂（他比贝特洛小三十四岁），对这本书的主旨，对勇敢捍卫法国学术和智力的怨恨并非一点也不连贯。正是出自爱国主义的责任感，年轻的迪昂在1884年选择他的博士学位论文的论题，甚至已经确立地位的法国科学家在那时、即便在后来也不敢公开讨论这个论题，因为他们害怕贝特洛的强权，他的权力能够在与法国大学系统相关的或完全超越于它的任何学术决定中独断专行。实验化学家贝特洛克制不住在两届内阁供职，起初做内政部长，此后当外交部长。他对在巴黎的科学院和高等院校（grandes écoles）的控制是一个笑柄。他的主要科学骄傲是所谓的最大功原理，人们怀疑它是从丹麦化学家托姆森那儿借用的。虽说最大功原理是一个良好的实际法则，但是它缺乏健全的理论基础。可是从1870年代起，贝特洛成功地在法国使人们广泛地接受了该原理。

正是那个影响，如此有害于法国物理化学的进步，以至年青的迪昂决心用他的博士学位论文消除它。论文的主题是热力学势，是他自己的脑力劳动的产品，这含有驳斥最大功原理的意思。学位论文包含后来所谓的吉布斯-迪昂方程的公式，该论文今日是《科学的里程碑》丛书的一部分，但是它却被索邦（巴黎大学）拒绝了。年青的迪昂也被迫了解，他永远不可能“到达巴黎”。事实上，他的整个学术生涯都是在法国省立大学度过的；对于迪昂这位卓越的人物而言，这显而易见是放逐。然而，轻蔑冷落未能粉碎迪昂的精神和决心。不到十年后，当迪昂还在里尔时，他开始以真正的法国精神就科学培养、特别是物理学培养发表他的观点。对迪昂

来说，这意味着遵从严格证明——在证明中每一个数学步骤都必 xvii
须对应于某个物理实在——的支配，意味着不信任专注于构造的模型的想象。在迪昂看来，后者是盎格鲁撒克逊人的心智的鲜明特征。尽管想象就做出发现而言是多产的，但是迪昂还是准备把这个荣耀留给盎格鲁撒克逊人，倘若他能够声称法国人拥有把发现的丰饶转向牢靠的体系的荣耀。

在那时甚至在十几年后，当迪昂对物理学理论的目的与结构的反思成熟起来，而发表他的《物理学理论的目的与结构》时，他明显看到，法国人的心智和德国人的心智具有极其密切的关系，恰恰因为二者主要对建立严格的体系感兴趣。对于德国人的心智的这种同情观点，在第一次世界大战之前几十年间在法国是共有的。它部分出自法国人对法国在 1870 年的战败和俾斯麦德国的科学惊人崛起的反思。事实上，迟至 1914 年 5 月，法国学术界的代表像 E. 布特鲁那样，在柏林大学发表的广为宣传的讲演中，称赞德国人的心智和法国人的心智的一致性。布特鲁 1914 年 5 月的讲演是一个缺乏远见的显著例子，其起源要追溯到这样一个颂扬演说：早在半个世纪之前，第三共和国的另一个主要人物勒南就歌颂德国文化。

幸运地是，对迪昂而言，他在高等师范学校拥有像菲斯泰尔·德库朗热一样的历史学家作为指导者，因为迪昂对他终生保持尊敬(以本书第三篇讲演为证)。菲斯泰尔·德库朗热关于德国成就的平衡观点的口实，在迪昂那里找到接受的土壤。他无论如何不是德国的崇拜者，但是他并未变得对它充满憎恨，即使是在最黑暗的时期。在 1914 年后期，这在法国人一方是需要勇气的，当时迪

昂接受了贝热罗神父的邀请，在1915年2月25日至3月18日之
xviii 间连续四个星期四，为波尔多大学天主教学生联合会就德国的科学发表四次讲演。该联合会成立于1913年，它拥有迪昂作为它的缔造者之一。迪昂也乐于把他的声望提供给该联合会——在1913年后期，当巴黎通过选举他为科学院的头一批六个非常任院士而向他“投降”时，他的声望大增。反过来，迪昂在与学生这种新鲜的和非正式的接触中，也在很大程度上缓解了独处的现状；在学生看来，与其说他迅速变成一个应受尊敬的长者，还不如说他迅速变成一个乐意在年青人中复活他的青春的同志(camarade)。

讲演从一开始就吸引了洪流般的听众，联合会总部的正厅无法容纳。由于教会和国家的严格分离，不能把讲演转移到大学的大礼堂。后来的三次讲演是在附近的剧院发表的。波尔多的报纸广泛地报道了讲演，讲演很快作为一本书印刷出来，其中包括不久前请求迪昂就德国的科学预先为《两个世界评论》撰写的文章。当权派对迪昂流放的日子一去不复返了。

本译本也包括迪昂几个月后为一本选集提交的关于该课题的论说文，在这本选集中有二十四位最主要的法国知识分子讨论了德国文化和法国文化的各自优点。这样的讨论被认为是爱国者的责任，是对增强国民的决心做贡献。第一次世界大战在战争史上是第一次，不仅因为大屠杀上升到庞大的比例，而且也因为赋予意识形态的作用。科学家像作家、艺术家和政治家一样参与战争宣传。昔日是希望渺茫的，当时作为法拉第的良师益友最值得牢记的汉弗莱·戴维评论他穿越法国的自由旅行——在一个时期法国扣押英国公民，而英国也扣押法国人——时讲过这样一段话：“如

果两个国家处于战争状态，那么科学人并没有交战。那恐怕是可能的最坏种类的内战。”一百年后，科学家不仅通过提供他们的技 xix
术诀窍，而且也通过他们对战争的意识形态解释，被卷入“可能的最坏种类”。

正如人们能够预料的，在双方盛行的大量意识形态文献充满恶毒和辱骂。在德国人的眼中，所有法国人突然变成如此之多的雅各宾派①成员；而在法国人的眼中，所有德国人突然变成如此之多的未开化的条顿人②。这种有点儿“暗中伤人”的战术，甚至在为维持礼貌而做出努力的出版物中，有时也使其本身变得显而易见。于是，在把“德国的科学和德国人的德行”稿件首次提交给的那本书中，一位法国医生在回忆他参观德国儿童医院和孤儿院时宣称，德国婴儿一律受到他们的保姆的粗暴对待。

迪昂不容许自己这样毫无节制。正如他的女儿回忆的，着眼于他的同胞突然从德国的崇拜者变成它的激烈的诽谤者，他决心“对德国佬(Boches)说些好话”(“德国佬”是坦率的法国人为德国人起的绰号)。事实上，他敦促在直觉机敏精神(espirit de finesse)方面太敏锐的同胞，不要忽略发展几何学精神(espirit géométrique)或对事实的艰苦探求和辛勤证实，德国人正是在此胜过别人的。迪昂看到德国人心智的基本缺点，即在每一个领域，在忽略第一个步骤的关键性意义或任何论述链条第一个环节的情况下，渴望系统地前进。因为除非第一个环节是可靠的，否则其余的推理就无

① 雅各宾派(Jocobins)是1789年法国资产阶级革命时的激进派。——中译者注

② 条顿人(Teuton)是古代日耳曼人的一支，公元前4世纪居住在易北河口北海沿岸。——中译者注

法安全地抛锚固定。机敏精神的特殊功能，就是直觉地断定第一个步骤的正确性，或所有推理依赖的基本原初概念的健全性。

自笛卡儿以来，如此经常被法国作家（尤其是帕斯卡）精心阐
xx 述的机敏精神和卓识（bon sens），对迪昂来说是同一个东西。可是，即使在这方面，迪昂不仅仅是一个帕斯卡主义者，即准备被“内心”（heart）的支配所吞没的直觉主义者。他也是一个清醒的实在论者，无论如何从未被德国的观念论动摇过一丁点，更多地处于第三共和国哲学圈子的风尚之中。他也是这样一类实在论者：坚定地承诺人能够直接把握外在于他的实在，以及在实在中体现的本体论秩序；为揭露典型的德国教授的二分心智，他不需要费力地论证。在迪昂简明而生动的描绘中，这种心智在课堂上沉迷于抽象概念之内，同样也在家里乐意地沉湎于“啤酒、烟斗和泡菜”的实在之中。

迪昂可能不仅不理会康德，而且也不理会达尔文。并非迪昂不是一位进化论者。在以观念为生存而斗争的模型编排科学史，变成科学史家和科学哲学家的一种时尚——即使不是着迷——之前很长时间，迪昂就这样做了，但他从未使纯粹的概念和合意的明喻具体化，更不必说使纯粹的词语具体化了。作为一个实在论者，他知道类比和明喻的限度。尤其是，他熟悉如何保持不受流行时尚的支配。在处理自然科学的第二篇讲演中，他涉及亨利·法布尔这位所有时代最伟大的昆虫学家，这一提及由于不止一个理由值得回忆。对于迪昂这个实在论者来说，事实就是事实，理论化不能作为对事实的反驳而提出。于是，只要自然选择的达尔文主义——或恰当地讲机械论——提出作为进化过程的通用说明，那

么甚至几个事实就是对达尔文主义的率直驳斥，更不用说法布尔整理的大量事实了。确实，迪昂对法布尔高度尊重，以致就进入科学院而言，他不愿接受他的即将到来的选拔，倘若因此剥夺在1913年就已九十高龄的法布尔的这项荣誉的话。令人生疑的是，在现时代有另一个具有这种自我谦避肚量的院士。

关于历史科学的第三讲[①]清楚地表明，迪昂这位科学史家在多大程度上受到刻苦阅读在一个课题上可以得到的**全部**文献的影响，这是菲斯泰尔·德库朗热敦促他这样做的。实际上，迪昂对历史的强烈兴趣可以追溯到他在斯坦尼斯拉斯学院(1872～1882)的岁月。在那里有路易·孔斯这位1870年代历史教科书的杰出法国作者，他的影响几乎使年青的迪昂选择历史作为他的专业领域。奇怪的是，在那篇讲演中，迪昂没有进一步讨论他自1906年以来偏爱的主题，当时他首次碰巧发现比里当和奥雷姆对亚里士多德著作的述评。在他看来，这两位14世纪索邦的教师是法国学术的巨大光荣，是创造经典物理学的哥白尼和伽利略的先驱。 xxi

这样解释近代科学的起源，正像迪昂对待作为1900年后**现代**科学的产物即相对论和它的主要支持非欧几何的态度一样，令人大为吃惊。对于今天的读者来说，迪昂关于黎曼、闵可夫斯基和爱因斯坦所说的话语似乎即便不是完全荒谬的，也是令人难以容忍的。毕竟，相对论难道没有变成横越从原子延伸到星系的广大物理科学领域最成功的和最必需的工具吗？不过，迪昂的轻视言论应该被视为，在迪昂自己的目光中，物理学理论最终是什么。正如

① 英译本原文为Lecture II，有误。——中译者注

已经注意到的，他没有在做出发现中看到物理学的主要目的。在他的《物理学理论的目的与结构》中，预言新事实的数学物理学几乎魔术般的启发能力只起很小的作用。他肯定不是那类因诺贝尔奖接受者之中罕见法国科学家而心烦意乱的法国人。对于迪昂来说，科学的主要光荣是所有物理学定律可靠的系统化。所谓可靠性，他不仅意指系统内部的一致，而且也意指它在每一步与物理实在的可信赖的关联，常识或卓识给予这样的实在以必不可少的接近。迪昂对相对论踌躇的基础就是这样的，要知道在相对论中，测
xxii 量两个事件同时性的不可能性被转化为对本体论的同时性的可能性的否定。由于迪昂清楚地看到，几乎从相对论的开端起，它即使不是呈现反本体论的寓意，也呈现伪形而上学的寓意。在迪昂首次注意到的这一发展中，他正确地看到对科学本身的致命一击。

假如迪昂多活十年或二十年，他这位完美无缺的逻辑学家恐怕不会宽恕下述不幸的发展：在这种发展中，相对论首先促进了绝对的东西相对化，然后促进了相对的东西绝对化。迪昂对于逻辑支配的关注也许没有少受量子论发生的东西的辩护，量子论的主要缔造者从在操作上不可能精密测量某些相互作用出发，不在意地匆匆宣称，这些相互作用因之不能精确地在非操作的或本体论的意义上发生。当必须把量子力学的哥本哈根解释的拥护者从他们的哲学睡眠中唤醒时，此时已是迪昂去世十年左右了，爱因斯坦开始认识到，他的相对论隐含指向绝对东西的实在论的本体论。今天，指出爱丁顿在 1920 年已经注意到的东西，即宇宙膨胀是一个绝对参照系，不再被视为草率的态度。

在 1940 年代后期，爱因斯坦告诫像卡纳普这样的著名逻辑实

证论者，物理学从来也不可能处理**此刻**人的感觉，这可能有助于人们理解迪昂对相对论的真实关注。它是机敏精神的关注，这能够从 1922 年 4 月在索邦发生的爱因斯坦和柏格森之间复杂的意见分歧中清楚地看到，当时到场的广大听众都是法国智力的精英。没有一个人比柏格森能够更有力地使爱因斯坦对时间问题——这个问题在相对论中转化为纯粹的第四维——留下深刻印象，柏格森的哲学集中在人对时间的直接经验的未耗尽的丰富性上，其中包括他的**此刻**的经验。在听众中有马里坦，当时三十八岁，是柏格森的朋友，他在 1931 年回忆，爱因斯坦为了对付柏格森的反对意 xxiii

见，仅仅在他是一个物理学家的范围内恒定地谈到他关于时间的说法。但是，对迪昂而言，恰恰是物理学和本体论的两分，最终是不可能的。确实，他坚持认为，物理学在下述意义上是独立于形而上学的：由基本的形而上学概念，即由物理学与实在的单独联系，无法构造特殊的物理学理论。在迪昂看来，对这些联系的任何反对，都是暗中破坏物理科学的真正意义，须知物理科学乃是作为与那种是物理学的实在关联起来的某种东西。

迪昂这些讲演的目的不是说明他自己在每一点上的意思，这个任务甚至不是一打讲演就能够满足的。他的目的也不是打算注意他的广泛概括有任何其他例外。它们透露出真情实感，而不管例如希尔伯特和克莱因这样杰出的德国数学家强调直觉重要性的事实。迪昂的目的在于增强法国人对于法国心灵的信任，在一个时期这种心灵似乎失去活力。值得大加赞扬迪昂的是，他在尽力完成他的任务时，没有触及沙文主义；让我们不要忘记，因为拿破仑时代的尼古拉·沙文的行为——他在《拉鲁斯》(*Larousse*)[①]中被描绘成一个"狂热的爱国者",沙文主义变成一个通用词。在像牛顿、高斯和亥姆霍兹这样的天才中,迪昂没有列举一个法国人,按照他的观点,这些天才人物高耸于民族精神的局限之上。

纵观这四篇讲演和附加于其内的两篇文章,可见迪昂是一个温和的和有人性的榜样,借助使迪昂成为法国散文大师的风格,把温和与人性传递给读者。即使在今天,迪昂还是特别有趣味的,他的启示一样恰当有力。讲英语的世界应该感谢译者,他再次成功地完成了平衡两个几乎不相容的要求的棘手任务:精确地措辞,把法国作者的思想翻译得符合英语读者表达它的语言习惯。[②]

读者在读本书时,可能有两个特定的想法。一个想法也许是关于迪昂还想写的另一本书,倘若他没有突然逝世的话。在1916年夏,他正校对他的不朽巨著《宇宙体系》的第五卷。情况原来是这样:余下的五卷已经准备好手稿,这是仅仅九年(1908～1916)的英雄成就。实际上,在1918年夏之前,他可以自由地用两个月时

① 皮埃尔·拉鲁斯(Pierre Larousse,1817～1875)是法国语法学家,词典编纂人,百科全书编辑者和出版家。曾出版《19世纪通用大词典》(十五卷,1866～1872年出版,1878年、1890年补编第二卷),这是一部具有永久价值的百科全书。他和他人于1852年创立拉鲁斯出版社,该出版社在20世纪初出版《拉鲁斯新插图词典》(七卷,1897～1940年出版,补编一卷,1907年出版),它是《19世纪通用大词典》的现代版本。——中译者注

② 这可以用他的译本作证,即Gilson的《从亚里士多德到达尔文再返回:在终极因、物种和进化中旅行》(*From Aristotle to Darwin and Back Again: A Journey in Final Causality, Species, and Evolution*)(1984)和《语言学和哲学:关于语言的哲学恒值的论文》(*Linguistics and Philosophy: An Essay on the Philosophical Constants of Language*)(1988),二书均由the University of Notre Dame出版。

间专心撰写那部充满资料的鸿篇巨制的300页长的摘要，巨著的大部分以前未出版，是论述从柏拉图到哥白尼的宇宙论和从属于它的各个特定的科学的历史的。迪昂的《德国的科学》惊人的可读性，使人可能想到出自迪昂笔下的以《宇宙体系》摘要形式的杰作，该摘要对准的是非专业的广大读者。

另一个想法与《德国的科学》立即接受有关。它肯定受到书是为他们而写的人的最深刻鉴赏，他们也就是学生联合会的成员，或者预定为军队积极服务，或者已经是战场上的一员了。迪昂为他们全体寄了副本。他收到感谢的短笺，但是他把这看做是对他的劳动的最高报偿。他也把几乎一百本副本寄给那些能充分鉴别他在学术上卓著的人的大圈子。在回信表示衷心感谢的人当中有莱昂·不伦瑞克、埃米尔·布特鲁、图利奥·列维-齐维塔和维托·沃尔泰拉。不用说，感谢信也从是他的私人朋友的法国知识分子中源源而来，例如布阿斯、谢弗里永、德尔博斯、弗利什、若尔丹、朱利安、马尔希斯、德奥卡涅、维奥勒以及其他人。一个关于把该书翻译成德文的认真探询出自巴塞尔。乌勒维格(蒙彼利埃大学物理学教授，迪昂先前在高等师范学校的同学)买了这本书，该书因《辩论杂志》(*Journal des Débate*)刊登了一个长篇书评而受到许多人的注意，在两个月内售罄。

在反应方式方面，所有这一切合在一起并不算多。但是，迪昂 xxv
向来也不对即刻的成功感兴趣。在他实际做的每一件事情上，他都采取长远的观点。在他的眼中，他信赖逻辑的最终凯旋、真理的主要依靠。一位最近亡故的作者预期了这样的前景：在他逝世后有一位读者，十年后就有十位读者，一百年后有一百位读者，这完

全表达了迪昂的期望。这些期望比已经实现的还要多:过去的四十年,不仅目睹了1950年代《宇宙体系》遗著的出版,而且也目睹了他的十卷巨著的再版。此后看到已有几卷重印。迪昂初版于1906～1913年的列奥纳多研究三卷,在1955年重印,1984年再印。他的《物理学理论的目的与结构》于1981年第二次重印,通过1954年翻译为英语和1965年印刷的平装本,找到遍及全世界的读者。在过去十二年左右,迪昂的较少为人所知的两本书以英译本的形式刊行,[①]除了这个译本之外可能还有更多的东西。等离子体物理学家急切地探讨他关于流体力学研究的1961年单行本。实际上,迪昂的思想在三个不同的领域绝对成为兴趣的中心,对于一个在四分之三世纪前逝去的学者来说,这是罕见的盛名。

有一类学者,人们对他的主要兴趣在于私人追忆,迪昂并不是此类学者。迪昂偏爱的明喻是其图像装饰法国硬币的妇女:她慷慨地向整个地球撒播种子。他看到他热爱的国家在无私地丰富人类方面的重要使命和光荣。独创性、深刻性和持久的生命力,是迪昂献给这一使命的印记之明证。

① 在1969年,芝加哥大学出版社出版了他的《拯救现象》(*To Save the Phenomena*),由E. Dolan和C. Maschler翻译,S. L. Jaki撰写引言。M. Cole翻译、B. AE. Oravas撰写引言的迪昂《力学的进化》(*The Evolution of Mechanics*)由Sijthoff and Noordhoff于1980年出版。《中世纪的宇宙论》(*Medieval Cosmology*)大半是由R. Ariew翻译的《宇宙体系》的第七卷,1985年由芝加哥大学出版社出版。

德国的科学

3 这四篇讲演是于1915年2月25日、3月4日、3月11日和3月18日，在波尔多大学天主教学生联合会的主持下，在波尔多做的。

我把这些讲演题献给请求和赞助讲演的波尔多大学天主教学生。

由于上帝的帮助，但愿这些谦卑的书页在他们和他们的所有同事中保护和促进我们法国有洞察力的天才！

第一讲:推理科学 5

女士们和先生们:

如果始终能在最充实的意义上使用“协同”(conspire)这个词的话,那么它确定无疑地是就在我们眼皮底下复活的法兰西使用的。每一个胸脯都协调地呼吸,每一颗心脏都以同样的情感跳动。单独一个灵魂就能使法国这个庞大的躯体充满活力。为了保全和拯救法国的土地,亲爱的学生们,你们的先辈和你们的同学正在用无价之宝鲜血浸渍它。不久前,我与你们之中属于1915级的人握过手。当时我对他们说:“一路平安,愿上帝保佑你们!”我看见他们眼里闪耀着欢乐的光辉。当法国正处在危难之秋,年轻的法国人履行他们的责任才是十分幸福的。我有时又看见你们青年学生伙伴由于梦想复仇,紧握你们的拳头,并相信你们已经拥有雪耻的武器。你们周围的一切,战士的母亲、妻子、姐妹、女儿,彼此之间都竭尽全力减轻战斗人员的痛苦或伤害的疼痛。因此,如果一些眉宇流露掩饰悲伤的状况,那么在我们看来,他们的容光焕发似乎使他们的哀悼变得崇高,因为忍受牺牲在那里放射它的光华。

在这种“协同”之中,正准备向你们讲话的他感到极度悲痛。6
除了自始至终祈祷之外,他不能参与伟大的共同任务。神父贝热罗先生同情这种由无用感引起的悲伤。他对我说:受到侵犯的,不

仅仅是法国的土地。外国思想也把法国俘虏了。为了解救祖国的灵魂,请大声呐喊:冲啊!

分配给我战斗岗位后,我正在持续不断地工作。这个职守没有危险,因而不会有荣耀。在那里,我将没有机会流尽我的鲜血,但是我愿倾泻我内心包含的所有忠诚。

在你们面前,我终于谦卑地参与到保家卫国之中。

在某种程度上,每一个人都学习算术或几何的原理。因此,我们的共识是,这些科学由以组成的命题被分为两个范畴:几个公理构成一个范畴,无数的定理形成另一个范畴。在推理科学中,算术和几何是最简单的,因而也是被最完备地完成的。在每一个后来的科学中,我们同样应当把定理与公理区别开来。

公理是定理的源头、起源。演绎推理是按照法则进行的,这些法则对人的心智来说是天生本能的自发结果,但却是分析的和被逻辑公式化的,迫使无论谁承认公理之真,以便同样接受作为它们的推论的定理。

什么是公理的源头呢?我们通常说,它们从公共知识[①]引出,也就是说,每一个神志正常的人,在学习它们将变成其基础的科学之前,都认为它们之真是肯定的。例如,设想一个具有理性、但是还对算术和几何无知的人或儿童,听见这些被系统阐述的命题:

当一个数颠倒它们在其中相加的次序时,两个数之

① 这里使用的英语词汇是 common knowledge,可以译为公共知识或常识。——中译者注

和是不变的。 7

整体大于它的每一个部分。

通过两点,总是能够画一条直线,而且不能画多于一条的直线。

只要这个人或这个儿童把他的注意力对准他刚才听到的命题,用心智的眼睛(直觉)凝视它,他将认为它为真。于是,我们说,他对它具有**直觉的**确信。

它与定理是不相同的。某个没有学习算术的人不会知道,当他听见这个被系统阐述的命题,即两个数的最小公倍数是它们之积除以它们最大公因数之商时,他面对的是错误还是真理。如果他不了解几何学,当我们对他说球的体积的度量等于它的表面积乘以半径的三分之一之积时,他的不肯定性是同样的。对他来说,为了逐渐开始把这些命题视为十分肯定的真理,他必须耐心地通过(discurrere)漫长的推理序列,这一序列将向他表明,每次一个步骤如何把公理具有的肯定性传递给定理。这就是我们为什么仅仅拥有定理之真的**推论的**知识。

为了指出公理证明的即刻明显的特征,我们乐意把它的明显性与感知加以比较:我们说,**我们看见**这样的命题为真。对它的确信是**容易察觉的**。我们据以知道公理的官能被赋予一个名字“感觉”:它是**公共的感觉**(**常识**)或**有鉴赏力的感觉**(**卓识**)[1]。

① 这里使用的英语词汇是 sense(感觉、辨别力),common sense(常识、公共的感觉),good sense(卓识、有鉴赏力的感觉)。——中译者注

为了更满意地把辨认原理之真的智力操作的即刻性与适合于定理证明的推论的推理的审慎性加以区别，我们也常常把前一种操作命名为**直感**[①]。它是**对真理的直感**。当我们的注意力投向一个原理时，我们即刻感受到真理，正如审视一个艺术杰作立即使我们体验到美的感受，或描绘一种英雄行为马上使我们经历善的感受一样。

8 帕斯卡说："我们认识真理，不仅仅借助理性，而且也借助内心；因此，正是通过后一类认识，我们才知道第一原理。""理性必须依托的，正是这样的基于内心和本能的认识，并且它的一切论证都必须以此为基础。内心感到，存在三维空间，数是无限的。然后，理性证明，不存在两个平方数，其中一个两倍于另一个。原理是直觉到的，命题是推导出的；每个都导致确信，尽管通过不同的路线。"[②]

帕斯卡在此处把卓识称之为"内心"(heart)，卓识有助于直觉地感知公理的明显性和通过严格的但却缓慢的**论证**进程达到定理证明的演绎方法：在那里，当人的心智希望构造推理科学时，我们有它使用的两种手段。

但是，所有的心智并非同等地适合于利用这两种手段中的每

① 这里使用的英语词汇是feeling，它的意思是：触觉、知觉、感觉，感情、感受，鉴赏力、直感等。——中译者注

② Pascal, *Pensées*, art. Ⅷ.[Trotter Translation(New York: Dutton; 1958), Ⅳ, 282, p. 79. 不过，上述译文基本上是译者本人的译文。遍及整个正文和注释，译者提供的资料处在方括号内。为了容纳必要的插入，在需要时添加脚注，而迪昂的注释重新进行编号。]中译者在此说明：为了方便读者阅读，迪昂的原注和英译者的附注，以及中译者所加之注释，均排为脚注。

一个。

为了发现掌握算术或几何借以进展的严格推理是多么艰苦，在人们学习这两门科学时没有必要行进得太远。一些人尽管不笨，但是他们不能使他们的智力适应这种缜密谨慎的和严肃训练的进路。此外，初学者，抗拒数学的心智，在使用演绎法时并非唯一地碰见难以对付的困难。人们看见，最熟练的代数学家和最杰出的几何学家，偶尔也遇到相同的困难。从 17 世纪直到 19 世纪中期创造代数、积分运算和天体力学的伟大人物，常常借助有缺点的推理过程，甚或借助公然不合逻辑的推论，为他们最重要的发现辩护。在奥古斯丁·柯西鼓舞人心的激励下，19 世纪的数学完成
的基本任务之一是，再次处理他们的前辈的全部工作，为的是完善 9
和纠正他们的推理过程，并向他们说明"他们应当如何发现他们如此恰当地发明的东西"。

最熟练的数学家的演绎如此经常和如此轻易地暴露错误，这些错误的最频繁的和最危险的原因是什么？跳跃到结论。

你曾经有过在骡子后面沿着陡峭的和光滑的小路下山的经历吗？你观察到骡子只是在小心地踩稳其他三个蹄子时，才向前移动下余一个蹄子的警惕吗？你注意到它用它的蹄铁的末端，试验第四只蹄子将要踩于其上的岩石是否牢固的谨慎吗？由于被这种慎重的和讨厌的缓慢弄得烦躁，你不利用小路前边的较宽之处超过使人厌烦的动物吗？演绎推理是以这种骡子似的方式进行的。在它严格地证明所有先前的命题之前，它不推进命题；它不会以稍微少一点的谨慎确立新命题。

直觉[deviné]某一真理的发现者[inventeur]，为了给他的发

现以完备的确实性，对必须要采取的冗长乏味的和琐细详尽的预防措施感到不耐烦和焦躁。他不时绕过他断定不重要的和容易填补的中间步骤。多危险的草率！使他滑落到错误的，几乎总是这类跳跃。

当拉普拉斯在推理过程末尾达到他在另外的关系中知道是错误的结论时，当他希望发现他的演绎在哪一点有缺陷时，他向上追溯他的推理链条直到疵点，他在此点标明像这样一类话语："我们容易看见……"。每一次，非故意的谬误推理都处在中间步骤，这位伟大的天文学家自信他能够跳过这些步骤。

演绎法的程序是缓慢的和慎重的，它仅仅一次前进一步，它向
10 前运动的每一步必须服从由逻辑法则强加给它的严格纪律，这种程序尤其合乎德国人的智力要求的别样风格。德国人是有耐心的。他对狂热的轻举妄动浑然不知。因此，在德国肯定比其他地方有更多的智力能够锻造推理的长链条，链条的每一个环节都持续不断地受到检验。

我们已经指出，数学家在 19 世纪后半期完成了艰巨的任务：他们通过无瑕疵的严格推理过程，重新证明他们的先辈过于仓促阐述的许多理论。正如我们也指出的，正是法国数学家奥古斯丁·柯西，第一个认识到这样的任务的必要性，并以他的榜样表明应当如何完成它。那个任务在许多不同的国土开展起来。对于挪威人亨里克·尼埃斯·阿贝尔而言，它负有它的基本工具之一——级数一致收敛的概念。但是，如果存在一个比如说使这项工作成为其专长的学派的话，那么它确定无疑是在柏林的代数学家维尔斯特拉斯指导的学派。维尔斯特拉斯在发现推理缺陷的技艺方面是一位过去的大师,他的前辈自信他们在此处创造了严格的演绎而无可指责。他以尽善尽美的技艺,用不再冒最小间断性风险的新链环代替推理链条的有缺点的部分。维尔斯特拉斯的门徒继承了他们的老师的逻辑严谨性。其中之一的赫尔曼·阿曼杜斯·施瓦茨教授喜欢说:“我是从未犯过错误的唯一数学家。”的确,施瓦茨以极其仔细作交换,赢得无错误的保证。在他的演绎的进程中,他从未给读者留下填补最小的中间步骤的烦恼。我的朋友之一,今天处在我们伟大的几何学家中间,他曾经在格丁根选取施瓦茨的讲演课程,他告诉我德国几何学家的审慎使他的法国人的神经遭受过多么严酷的考验。

我们相信,这种对于具有无瑕疵严格性的演绎的强烈习性,是 11
德国智力的标志。这是能给德国的科学打上它的特征性的品质之印记的东西。这是能把德国的科学与在法国、意大利和英国产生的理论[doctrines]区分开来的东西。它可以说明在莱茵河那边偏爱的方法的优良品质和短处。

在人类中间存在出类拔萃的智力,其中每一个官能都十分充分地得以发展,而且还与其他每一个官能保持最和谐的一致和最完美的平衡。但是,如此幸运地构造的心智是非常稀罕的。在不削弱和降低邻近官能的活力的情况下,身体的一个官能几乎不能经历非同寻常的发展。同样的事态对于心智也有效。一个官能的极端旺盛往往是用另一个官能的无力偿还的。充满活力的卓识容许其通过直觉——像它是正确无误的那样敏捷——抓住真理的那些人,有时也是具有最艰难时刻的人,他们此时要使自己服从演绎法谨慎的纪律和严格的审慎。另一方面,最细致地遵循演绎法法则的那些人，由于缺乏常识而频频失败。

在哲学庄重的外表下，笛卡儿频繁地隐藏一个具有无情反讽的人的讽刺才智。确定无疑，正是这种才智，促使他在《论方法》开头写道：

> 卓识在世界上所有的事物中是最平等地分配的，因此每一个人都认为他自己如此充裕地用它装备起来，甚至在其他一切事情上最难中意的人，通常对它也不比他们已经具有的要求更多一些。这未必可能在他们方面是一个错误；更恰当地讲，它是支持下述观点的证据：形成健全判断的能力和把真与假区别的能力，即所谓的卓识或理性，在所有人身上自然是同等的。①

12 不，直觉地辨别真与假的能力，也就是卓识，在所有人身上并不是同等发展的。我们难道没有坚定地说，一个特定的人具有卓识，而另一个人缺乏它吗？再者，在那些具有提出长系列演绎的娴熟技能的人中间，我们难道没有十分经常地发现常识、卓识的这种缺席吗？他们的心智是克里萨利斯(Chrysalis)的心智："推理放逐理性"。

如果遵循演绎法的巨大能力，频频以直觉的平庸作为它的对应物，那么对我们来说似乎很自然的是，把冗长而严格的推理链条如此娴熟地联结在一起的德国人，也可能往往没有装备卓识；而且

---

① [René Descartes, "Discourse on the Method of Rightly Conducting the Reason", in *The Philosophical Works of Descartes*, Trans. E. S. Haldane and G. R. T. Ross (Cambridge University Press, 1973), Ⅰ, 81.]

在许多案例中,后者的缺点像前者的技能一样,将成为他们智力产品的特征。

当一个人被强烈地赋予体力的或智力的官能时,这样的人在运用它的过程中经历生动活泼的享受。另一方面,对他来说,发挥不发达的器官或平庸的习性是累人的。于是,在使用演绎法时十分娴熟而很微弱地赋予直觉认识的德国人,会成倍增加可以应用前者的机会,而尽可能多地限制要求后者境况的场合。

在几何学家中间十分共同的毛病始终是,在把三段论连接在一起的技艺中,找到履行他们的推理习性和显示他们的技能的机会。受笛卡儿和帕斯卡的鼓舞,《波尔罗亚尔女隐修院的逻辑》(*Logic of Port Royal*)责备几何学家舍弃尝试"证明没有论证需要的事物"。

> 几何学家供认,试图证明本来自明的东西是不必要的。不过,他们常常这样做,因为正如我们说过的,由于给予说服心智多于给予启发心智,他们相信通过找到甚至最明显的事物的某个论证,与通过简单地提出它们而 13
> 让心智认可它们的明显性相比,他们会更可靠地信服它。
>
> 这就是导致欧几里得证明三角形的两边合在一起大于一边的东西,尽管只是从直线的概念来看那也是十分明显的,因为直线是在两点之间能够画出的最短的线。①

---

① *La Logique ou l'Art de Pensert*: Part Ⅳ, ch. Ⅸ, 第二个错误。[参见 Antoine Arnauld, *The Art of Thinking*, tr. James Dickoff and Patricia James (Indianapolis: Bobbs-Merrill, 1964), p. 328. 不过,这段译文是本译者的译文。]

如果笛卡儿、帕斯卡和波尔罗亚尔女隐修院的《逻辑》的作者终于了解，证明一切的欲望把当代德国学派的某些数学家导向难以置信的过分行为，那么他们会说些什么呢？维尔斯特拉斯及其比较精明的门徒使他们自己致力于真正有用的警惕，以预防不充分的或不精密的代数证明。他们所做的工作是必不可少的，除非数学不得不变成错误的情妇。那些继他们而来的人，在发现已被纠正的先前推理过程的真实缺点时，持续不断地忙于矫正想象的缺陷，填充每一个固有形成的心智认出是无害节略的空隙，详述细枝末节——一句话，钻牛角尖。就他们而言，数学论文因吹毛求疵的准则而变得如此复杂、如此难懂，以致人们害怕缺乏严格性不再敢于谈论它。通过不停地改进已被辨认的推理过程，这些逻辑学家在他们自身和他们的门徒中，泯灭发现的欲望和做出发现的能力。可是，人们也发觉，即使在德国，像费利克斯·克莱因这样的几何学家维护发明精神的权利，而反对这种放纵的评论方法。

同时，当德国数学家寻求运用他的论证能力的场合时，他尽可能多地避免诉诸直觉的境况。为此目的，他尽可能限制他企求的公理的数目。

在所有科学中，最能满足这种倾向的是代数。事实上，代数的全部只不过是算术的庞大延长，演绎法对于引起这种巨大的发展
14 是不可或缺的。因而，代数需要的仅有的公理是算术基于其上的公理，也就是数目十分少的关于整数加法的极其简单和特别明显的命题。我们不应该奇怪，德国人心智热情而成功地把自己交托给代数。

但是，德国数学家不满足于成为技艺精湛的代数学家。这门

科学——公理的作用在其中被这样减少,演绎法在其中对于整个发展来说是足够的——如此妥善地适合他们的智力形式,以致他们竭尽全力把所有其他数学科学融化在其中。他们希望几何、力学和物理学只是代数的章节。他们如何致力于一点一滴地把这个希望转化为现实,如何致力于把从那里产生的对科学不利条件约束在代数之内,我们已在其他地方陈述。[①] 为了避免过分专门化的描述,我们在这里不想重复它。

人不仅仅以运用健康的和生气勃勃的器官为乐,感到虚弱器官的运用是痛苦的;他进而熟悉,他能够依靠健康的器官,而不信任其他器官。

十分完善地适应于演绎而贫乏地赋予卓识的心智,愿把充分的信任给予用演绎法证明的命题。它会轻易地怀疑直觉向它揭示的命题。这两种倾向的结果是什么?在德国哲学的原理体系中,难道不可能特别清楚地辨认它们吗?我们将简要地审查这个问题。

有两种确实性的源泉:命题从证明中接受它们的确实性,原理是从常识获取它们的。后者与前者并非具有不同的价值或类型。二者同样是确定的。更确切地讲,我们应当说,存在所有确实性都从中流出的单一源泉,即把确实性提供给原理的源泉。因为演绎没有创造新的确实性。当无瑕疵地循序渐进时,它能够做的一切
就是把前提已经具有的确实性传递到推论,而在途中不失去它的 15

① “Quelques reflexions sur la science allemande”,*Revue des Deux Mondes*,Feb. 1,1915.[请参见本书。]

任何力量。正如帕斯卡所说：

> 第一原理的知识，诸如**空间**、**时间**、**运动**、**数**，是像推理给予我们的任何知识一样可靠。理性必须依赖的，正是内心和本能的这些直觉的认知，并且它的一切论证必须基于它们。……因此，理性在同意其来自内心的第一原理之前就要求它们的证明，是荒谬可笑的，犹如内心在它乐意承认理性提出的所有命题之前，要求理性对它们提供感情上的信服一样荒谬可笑。[①]

恰恰是这两个荒诞中的第一个，可以刻画其演绎习性在损害常识的情况下取得夸大发展的那些人的特征。对推论方法太自信，对直觉太不信任，他们被下述想象毁灭：唯有推论方法才能给它的结论以直觉无能为力给予的确实性。仿佛房子比它基于其上基础稳固得多！因此，他们使自己着迷于梦幻，帕斯卡本人也许对此表露出太多的同情：他们追随排他的演绎法的幻想。

> 能够形成最高级的优秀证明的真实方法，如果它有可能达到这样的证明，那么它总是由两个原则性的程序组成：第一，从来不使用人们先前未清楚说明其意义的词；第二，不提出人们借助先前已知的真理不能证明的命

① Pascal, *Pensées*, art. Ⅷ. [Trotter Translation, Ⅳ, 282, p. 79. 不过，这里的译文基本上是译者本人的译文。]

> 题。这就是说,一句话,人们能够通过定义所有术语和证明一切命题行进。①

毋庸置疑,没有一个人愿意宣布甚或容许他自己供认,他正在尝试发展这样的方法。情况再清楚不过了,这样的发展毫无意义,
头一批定义总是由未定义的术语和借助未证明的命题构成的初始 16
证明组成的。但是,人们至少要行动,仿佛这种方法是一个值得向往的理想,这个理想是可以不断接近的,尽管它从来也不能达到确定的程度。在那个案例中,人们会继续推进,不断地挖掘得更深,以便定义直到当时在没有定义的情况下使用的术语,以便证明以前作为原理接受的命题。

由于这样失望的探究永远不能满足我们求知的欲望,它从来也不会停止。

> 我们打算把我们自己捆绑于其上的、我们可以用其支撑我们自己的端点无论是什么,它都会松开,并脱离我们。而且,如果我们追踪它,它便逃遁我们的把握,躲避我们,并导致我们没完没了地追赶。对我们来说,没有什么东西可以抓住。……我们燃烧着寻找稳定的位置和终极不变的基础的欲望,以便在其上建造一座上升到无穷的高塔。但是,我们的整个基础破裂了,裂口张开直达大

① Pascal, *De l'espirit géométrique*, first section.[关于所述的段落,请参见 Louis Lafuma, ed. , Pascal, *Oeuvres Complètes* (Paris:Editions du Seuil,1963), p. 349.]

地的深层。[①]

于是,凡是在论证推理中而不是在源于常识的直觉知识中找到具有确实性的原理的人,不能不陷入绝对的怀疑论——怀疑所有的命题。

只存在一条避免这种智力绝望的道路,这就是坚定地认为,证明从未创造确实性;对真理的全部确信都是经由卓识到达我们,无论直接地还是间接地到达。因此,不断深思这个问题的帕斯卡说:"我们无能为力证明任何教条主义不能战胜的东西;我们对真理具有一种观念,这种观念是任何皮浪怀疑论无法击败的。"[②]

尽管演绎技能高超,赋予德国人心智的常识却相当贫乏。它无限地信任推论方法,而它的混乱的直觉仅仅给予它对真理微弱
17 的确信。其结果,它特别易于滑入怀疑论。它频繁地和笨拙地跌进它;康德在那里强劲地推进它。

《纯粹理性批判》是什么?就是对帕斯卡下述话语最冗长的、最模糊的、最混乱的、最迂腐的评论:"我们无能为力证明任何教条主义不能战胜的东西。"过分排他的演绎心智,诸如笛卡儿的心智或斯宾诺莎的心智,相信三段论能够容许他们毫无疑问地确立形而上学和道德的第一原理。受到推论方法的严格纪律更狭隘地制约,康德使他自己专注于说明他们犯有反对逻辑法则的罪过,他们的三段论不是最后的定论,因而怀疑是"纯粹理性"的唯一合理的

① Pascal, *Pensées*, art. Ⅰ. [Trotter Translation, Ⅱ, 72, pp. 19-20.]

② Pascal, Pensées, art. Ⅷ [Trotter Translation, Ⅵ, 395, p. 106.]

结论。

确实，绝对的怀疑论不是这位柯尼斯堡哲学家最终的言辞。康德想望对帕斯卡阐述的第二部分同等地给予证明，从而表明“我们对真理具有一种观念，这种观念是任何皮浪怀疑论无法击败的”。这就是《实践理性批判》的鹄的。但是，这种关于真理的观念——怀疑论对它的攻击应该破产——具有充分的广度和深度支持我们知识的总体吗？根本不可能。它限制知识的范围。它使知识的广度恰好变得足够作为道德的基础服务。它使知识沦落为给我们确认义务的命令式特征。即使在这些狭窄的限度内，它也不顾及徒劳地要求纯粹理性的那种完美确实性的所有权。它享有的确实性具有另外的秩序，而且可以说具有低等的质。它能够指导我们的行动，但是不能满足我们的理性。它只是实践的确实性。例如，让我们倾听一下康德就上帝的存在所说的词语：

> 自从存在是绝对必要的实践定律（道德律）以来，如果这些定律必然预设像它们的**强制性**力量的可能性之条件的某种存在，那么它必须是，存在是一个**公设**，因为实 18
> 质上，为了达到这个确定条件，推理由以进行的受限制的东西[conditionné]，本身是像绝对的必然性那样已知的先验的东西。我以后在论及道德律的主题时将表明，它们不仅预设至高无上的神（Supreme Being）的存在，而且更进一步，由于从另一观点看它们是绝对必要的，它们正

确地把它作为先决条件；公设，本质上只是实践的。[①]

这种受约束的和低等的质的确定性，这种只维护道德基本原理的纯粹实践的确定性，康德至少直接地把它归因于常识的直觉吗？他过分喜欢以这种方式进行的演绎法，即太深广地浸透几何学家具有的推理习惯的方法。在《纯粹理性批判》的开头，作为冗长证明的后续，他只是敢于提出先验的实践原理的这种可能性，而在那里定义、定理、推论、批注和问题像在代数论文中那样一起被引入。

康德的追随者比他们的老师走得更远。他们摈弃了实践的确实性即常识授予的证据的最后记忆。无论如何，除了确信纯粹理性以外，也就是说除了确信推理知识以外，他们不承认对真理的确信是允许的。而且，由于这不能自然而然地给予人们期待的东西，他们以完备的观念论、绝对的怀疑论而告终。

对演绎推理的极度信任，对常识提供的直觉的怀疑和轻视，这些都是当时必然产生观念论和怀疑论的原因。它们也造成诡辩。

如果常识不是真理的确定的源泉，那么什么好东西是由以得到我们的公理的源泉呢？我们正好同样不能按照我们的良好意愿发明它们吗？倘若我们从自由陈述的公设展开推论的三段论的冗长链条，我们的仅仅对演绎偏爱的理性会发觉它自己得以充分满

---

① Kant's *Werke*, Bd. Ⅲ, pp. 429-430. Translated by Victor Delbos, *La philosophe practique de Kant* (Paris: 1905), p. 232. [可是，Delbos 的《实践理性批判》，在我手头仅有的它的一个版本（Paris: Presses Universitaires de France, 1969. Troisième ed., Author's "Foreword", Dated 1905）中，不是康德著作中任何一个的译本，而是对《全集》的大部分的评注。所引用的段落在 232 页没有找到，在它邻近的任何地方也找不到；我在正文其他任何可能的各节中，或在《实践理性批判》的英译本中，也无法找到它。]

足。它的真正满足将与它的严格演绎的能力成比例,而对卓识没 19
有任何求助。

对于数学家来说,完全逻辑地和完全外延地追逐非常困窘的悖论的推论,是无比快活的乐趣,我们之中的哪一个不知道在推理的整个错综复杂过程中体验过的诸如数学家这样的人呢?

在早期,德国人的思想给出这种奇怪的和危险的缺陷的证明,这是诡辩。接着,发觉立足于在其中没有常识的公设之上构造庞大思想体系时的乐趣。

尼古拉·克里普夫斯 1401 年生于摩泽尔河畔的库萨村,他是一位纯朴渔民的儿子。在海德堡和帕多瓦研读并于 1424 年在那里获取法学博士学位之后,他重返德国。1431 年,作为列日省的大助祭,他出席了巴塞尔教会会议。他身处依旧忠实于教皇的教会会议成员之中。犹金四世、尼古拉五世和庇护二世委托他重要的使命。1448 年,尼古拉五世任命他为尼古拉大教堂红衣主教司铎,作为他的名义上的神职。正如一位历史学家所说,德国红衣主教在那时像白乌鸦一样稀罕。因此,库萨的尼古拉常常被称为条顿人红衣主教。1450 年,他被尼古拉五世晋升为蒂罗尔州布里克森的主教。1464 年 8 月 11 日,他在翁布里亚的托迪去世。①

① 摩泽尔河流经德国、卢森堡和法国,海德堡在德国,帕多瓦在意大利,列日是比利时的一个省,巴塞尔是瑞士巴塞尔州的首府。蒂罗尔是奥地利的一个州。翁布里亚是意大利的一个地区。犹金四世(EugeniusⅣ,约 1383~1447)是意大利籍教皇(1431~1447 在位)。尼古拉五世(NicolasⅤ,1397~1455)是意大利籍教皇(1447~1455 在位)。庇护二世(PiusⅡ,Pope,1405~1464)是意大利籍教皇(1458~1464 在位)。红衣主教司铎(cardinal-priest)位于主教以下、助祭以上,有权执行圣事,亦称司祭、神甫。圣彼得(St. Peter)是耶稣十二门徒之一。——中译者注

库萨的尼古拉尽管在教会中是具有显著重要性的人物，但他也是一位科学人(man of science)。他向巴塞尔教会会议提交了改革历法的方案。他是几何学家。我们也把尝试做办不到的事情(squaring the circle)归功于他，这事并非没有创造发明。

作为由德国出产的第一个真正有独创性的思想家库萨的尼古拉，德国人欣然地和正确地为他欢呼。事实上，这位德国红衣主教在他的首要著作《论有学问的无知》(*De docta ignorantia*)中建构了完整的形而上学，新柏拉图主义十分彻底地浸透这种形而上学，
20 他后来的作品把无数的添加提供给它。现在，那种伴随一位辩证学家的真正精湛技巧而发展的形而上学，全部依赖于常识断言是形式矛盾的下述公理：在事物的每一个秩序中，极大值与极小值是同一的。

在15世纪中期之前，当时在德国人心智中隐藏的诡辩倾向显示出它有什么本领。自那时起的许多时间，这种倾向都引导形而上学体系的建构，这是德国哲学如此独有的特点。在这些困窘的努力中，我们满足于提及最奇怪的、也许同时也是最被赞美的努力。直到当代，在来自莱茵河彼岸的思想中，它至多施加了像康德的批判那么多的影响。我指的是黑格尔的学说。人们能够比黑格尔的形而上学所做的那样更严厉、更粗暴地在脚下践踏常识的第一原理吗？实际上，在那个形而上学中，十分类似于库萨的尼古拉的公理的基本公理如下：

在事物的每一个秩序中，矛盾是同一的，因为**正题**和**反题**一起在**综合**中仅仅成为一个整体，这个整体就是真理。

在这里必须注意的，不是在德国人中应该发现黑格尔。在所

有人中,在一切时代,人们都遇到从荒谬的原理推出他们最终结论的讨厌的疯子。在目前的状况下,令人担心的事态是,德国大学不认为黑格尔主义是狂热梦呓者的痴迷,而宁可热情地欢呼它是光彩夺目的学说,它的光焰使柏拉图或亚里士多德、笛卡儿或莱布尼兹的所有哲学黯然失色。

对演绎法的过分品味,对常识的轻视,的确造就了德国人的思想,恰如克里萨利斯的房子(house of Chrysalis):推理在其中放逐了理性。[①]

① [引文在莫里哀的 *Les femmes savantes*《女学者》中。参见 Ronald A. Wilson and R. P. L. Ledésert, eds., *Les femmes savantes* (Boston: Heath, 1950) Acte Ⅱ, Sc. Ⅶ, 21(p. 27).]

21 第二讲：实验科学

女士们和先生们：

在代数和几何中，而且也在形而上学中，在健全地构造它时，公理是绝对简单的。一旦我们的注意力集中在它们之中的任何一个，对它的感觉在我们看来立刻变得十分明显，而且它的确实性充分得以保证。因此，在这些科学中，“原理是显而易见的，但是却远离日常的使用；以致由于缺乏习惯，它难以把人的心智转向那个方向：但是，只要人们把注意力稍微转向那里，人们就充分地看见这些原理，而且从明白得几乎不可能逃脱注意的原理出发，竟然错误地推理，这样的人的心智必定是非常不精确的。”①

事态与实验科学是截然不同的。

在这些科学中，原理不再被称为公理，而宁可称之为假设(hypotheses)或假定(suppositions)，必须在其词源学意义即基础(foundations)上理解这两个词。它们也被称为实验定律或观察的真理。简单地把注意力聚焦在假设或定律的陈述上，无论如何不容许我们认为它为真。只有在检验它的复杂的和漫长的实验劳动

① Pascal, Pensées, art. Ⅶ：数学心智和直觉心智之间的区别。[Trotter Translation, Ⅰ, 1, p. 1.]

之后,断言它才可能是合法的。

在观察科学中,人们如何可能从实验推断近似于扮演原理角色的假设呢? 22

当我是物理实验室助手的时候,我天天与在邻近实验室做助手的几个朋友聊天。这是路易·巴斯德实验室,那时他正在实验室用头一批狂犬病疫苗做实验。我的朋友告诉我这位“领班”工作的方式,我对他们的叙述具有栩栩如生的记忆。

巴斯德到达实验室,在他的头脑里拥有克洛德·贝尔纳所谓的预想观念,也就是他希望交付实验证实的命题。在他的指导下,他的助手准备实验,实验按照那个预想观念应当产生确定的结果。大多数时间,所预期的结果不是实验事实上产生的结果。于是,从开头重复实验,并且以超乎寻常的谨慎重复实验。又一次失败。接着,开始进行第三次尝试,不料导致进一步的失败。我的实验室助手朋友常常为“领班”的固执而感到惊讶不已,而他却因追求明显是错误的先入之见的结果而陶醉。最后,这一天终于来到了,巴斯德此时宣布一个观念,该观念不同于实验宣告不适用的观念。于是,人们钦佩地认清,后一个观念导致的矛盾没有一个是徒劳无功的;因为在新假设的形成中,要考虑它们的每一个。接着,它具有提交事实检验的推论,而且十分经常地,这个过程导致新的失败。不管怎样,在消泯这个假设的过程中,这些失败准备了新观念的概念。就这样,通过启发实验的预想观念和强使预想观念得以改造的实验之间的这类斗争,一点一滴地形成与事实完美符合的和能够作为新的生理学定律接纳的假设。在相继改善起初必定是草率的和往往错误的、而最终导致富有成效的假设的观念的这种 23

工作中，演绎法和直觉每一个都扮演它们的角色。但是，在这里确定它们的角色比在推理学科中要复杂得多、困难得多！

为了从预想观念引出能够与实验证据将确认或否弃的事实比较的推论，人们必须演绎。这样的演绎往往是十分冗长的和棘手的过程。最重要的是，它是一个严格的过程，违反则以使观察检验依赖于不能从假设推出的命题为处罚，从而则以使这种检验变成虚假的为处罚。不管怎样，这个推理一般不能**比较几何化地**在定理系列的形式下进行。人们希望演绎出其推论的命题本身不会对这个过程有帮助。它依赖的观念不再是高度抽象的概念，而是非常简单的概念，如同数学科学的头一批对象，或者像通过利用这些概念的定义以众所周知的形式创造的观念。这些观念是在内容上较丰富但却较少精确、较少加以分析的观念；它们比较直接地由观察产生。为了用这样的观念精密地推理，三段论逻辑的法则是不能胜任的。必须用某种是卓识的形式之一的健全感觉帮助它们。

卓识再次以另外的方式在这样的时刻将会介入，此时人们了解，预想观念的推论或与实验矛盾，或被实验确认。事实上，这种了解绝不是全部简单的；确认或矛盾并非总是像简单的“是”或“否”那样清晰和径直。我们相当强调这一点，因为它是举足轻重的。

从他的预想观念出发，像路易·巴斯德这样的实验家推出这个推论：如果人们把一种特殊物质注射给兔子，那么它们会死亡。没有注射的实验对照动物将依旧健康良好。但是，这位观察者意
24 识到，兔子有时可能死于正在研究其效果的注射之外的其他原因。他同样知道，某些具有特殊抵抗力的动物能够承受注射的剂量，而

这些剂量却可以使它们的大多数同类致死；或者更进一步，不称职的施行削弱注射，并使它变得无害。因此，如果他看见一个注射预防针的兔子活着，或一个实验对照动物死亡，他不需要直接地和公开地断定他的预想观念错了。他可能面临实验的某种偶然性，实验没有要求放弃他的观念。什么将决定这些失败是否具有必须抛弃所述命题这样的本性呢？卓识。但是，这种决定与法律程序中的判决可以具有恰好相同的类型，其中双方的每一个都面对证据，某个证据倾向于有罪，某个证据倾向于开脱。在以成熟的考虑权衡正反两方面的理由之前，卓识将不宣布它的裁决。

确保还不精确的推理过程——借以能够被实验正在证明的推论由预想观念引出——的健全性，以及估价这样的证明是否应当被作为标志的证据采纳，并没有穷竭基于卓识显现的任务。

当事实证据转向反对预想观念时，情况还不足以简单地拒斥它。人们必须用可以更好地经受实验检验的新的假定代替它。在这里，有必要（巴斯德擅长这样做）注意每一个反对所提出的初始观念的观察，解释每一次泯灭那个观念的失败，并且为创造新思想起见综合所有这些教训，而新思想将再次在实际结果的监视下通过。没有精确法则能够指导心智处理的任务是何等棘手！它本质上是洞察和灵巧的事情！的确，为了妥善地完成这个任务，卓识必须超越它自己，也就是说，应该把它的力量和它的易适应性推到它 25
们的极致，致使它变成帕斯卡称之为直觉心智（the intuitive mind）[esprit de finesse]的东西。

在帕斯卡值得赞美的书页中，他把这种直觉心智与以演绎法的严格性的排列技艺即数学心智（the mathematical mind） [l'esprit de géométrie]加以对照,谁能忘记这一页呢?

他说:在数学心智中,"人们充分地看见原理,对于这些想要逃脱注意几乎是不可能的原理,这种心智却显然从原理错误地推理,可见人们必定具有十分不准确的心智。"

> 但是,在直觉心智中,原理是在通常的应用中找到的,处在每一个人的眼前。人们只要一览即可,没有必要费力;它仅仅是良好眼力的问题,但是眼力必须良好,因为原理是如此微妙,如此不计其数,要使某些原理不逃脱注意,几乎是不可能的。此刻,遗漏一个原理便导致错误;因此,人们必须具有十分明晰的洞察力,以便看到所有的原理,然后具有准确的心智,以便不从已知的原理引出虚假的演绎。

> 于是,全部数学家若具有清楚的洞察力,他们总是直觉型的,因为他们不会从他们通晓的原理不正确地推理。……但是,不是直觉型的数学家,他们看不见什么在他们面前;而且,由于习惯于精密的和明白的数学原理,习惯于直到他们充分审视和排列他们的原理之后才开始推理,所以他们在原理不容许这样排列的直觉事情上有所损失。这些原理几乎是看不见的;与其说看见它们,毋宁说感觉到它们;要使那些自身没有察觉它们的人感觉到它们,存在最大的困难。这些原理是如此细微和如此众多,以至在多半不能像在数学中那样有序地证明它们的情况下拟察觉它们,以及在察觉它们时要正确地和公

> 正地判断，就需要十分微妙和十分明晰的感觉；因为原理
> 不是以相同的方式为我们所知，要做这样的事项也许是 26
> 无止境的。我们必须同时一瞥即见这件事项，而不是凭借推理过程，至少在某种程度上必须如此。因此，相当稀罕的是，数学家是直觉的，具有直觉的人是数学家，因为数学家希望用数学方式处理直觉的事项，从而使他们自己变得荒唐可笑——想要由定义开始，然后运用公理，而这根本不是这种推理类型进行的途径。并非心智没有这样做，但是心智是缄默地、自然而然地和毫无专门法则地做推理的；因为它的表达方式超越所有人，只有极少数人能够感觉到它。[①]

从是十分清楚的，把对它们的分析推进到最大程度的、把它们的内容描述得详尽无遗的原理出发；接着，一步一个脚印地、耐心地、缜密地、以极其严谨的态度受过演绎逻辑法则训练的方式前进——正是在这一点上，德国人的天资异乎寻常。德国人心智基本上是数学心智。另一方面，正如我们已经看到的，它缺乏卓识。那么，它如何能够具有是直觉心智的卓识那种完美呢？不，不要求它具有渗透和潜入到朦胧的和复杂的实在过程的易适应性、敏锐性、微妙性。在定义缺席时，不要指望它精确地和外延地推理，因为要确定对实在的感知直接提供的观念，实际上是不可能的；或者，在没有三段论的情况下，因为人们无法在恰恰需要发现新原理

① Pascal，在上述引文中。［出处同上，1-2。］

的时刻从已经系统阐述的原理行进;或者,除了自然而然意识到真之外,没有任何其他指导或保证。德国人是数学家。他不是直觉的。

德国人不是直觉的。你们怀疑它吗?那么,请听事实的表白吧。在德国人中间,系统阐述它的某人恰恰以他的罕见的直觉性
27 著称。他本身也同样恰当地辨认出在他的同胞中正在缺乏的东西。冯·比洛亲王写道:“从对应用的理解直接进展的伟大技艺,甚或具有做事情——在服从可靠的、创造性的本能而不长时间深思它或绞尽脑汁必须要做的事情——的更伟大的才能,这就是我们已经缺乏的东西,这就是我们在许多场合将会缺乏的东西。”①

德国人失去直觉心智。

另外,在从17世纪直到当代奠定了实验科学基础的全部伟人中,在物理学、化学、生物学的缔造者中,人们碰到微乎其微的德国人。

然而,自19世纪中期以来,物理学、化学、生物学吸引了众多德国人的注意,他们在这些科学的每一个中都引起十分巨大的进步。我们如何能够使德国实验科学的这种发展——其范围和力量是无可争辩的——与我们刚刚说过的一致呢?让我们尝试表明这一点。

与实验科学被完善相称,它起初踌躇而慌乱地基于其上的假设变得更精确、更牢固。假设被交付的诸多各种检验记录下如此

① Prince von Bülow, *La politique allemande*, Translated by Maurice Herbette (Paris, 1914), “Introduction”.

境况:在这些境况下,事实以高度的几率符合从这样的假设引出的推论。从这一时刻起,这些假定在找到某些观察的阐明或某些事件的预言的终了,便作为推理过程的原理履行职责。科学就其本质而言依然是实验的。它总是从实验所启示的命题出发前行,以便以唯有实验才能保证真理的命题终结。但是,科学越来越多地利用演绎法。

甚至碰巧,进一步的进步以这种方式发生。初始假设不再唯
一地依赖清楚地构想的观念,而是依赖可以计算和测量的观念,也 28
就是依赖量。于是,这样的假定采取代数命题或几何命题的形式。它不再仅仅是一般考虑的演绎的问题。它是实验科学求助于数学推理,为的是从观察提供的原理中引出观察总是必须证实的推论。

接连经过各个时期,我们看见采用这种数学形式的物理科学的各种章节。早在柏拉图和亚里士多德时代,欧多克索斯和卡利普斯就力求构造一种数学理论,用它有可能保全感觉就天上的运动确立的一切。欧几里得已经以数学形式陈述了光的直线传播和反射定律。由于阿基米德,轮到固体静力学和流体静力学呈现数学形式。中世纪极少倾向于数学以这种方式做任何新事情。他们把自己局限于抛射体运动和物体下落的定性分析,以致用众多常识创立在伽利略、笛卡儿、皮埃尔·伽桑迪和托里拆利工作中宣告的数学动力学。今天,不再有物理科学的任何领域,人们在其中不持续借助代数和几何就能够推理。

当然,数学推理的连续使用并没有改变科学的实验特征。它们的假设不是简单的常识使我们充分确信的原理。这些假定的唯一目标,总是产生与实在符合的推论。因此,当某种不一致在从假

定引出的推论和观察的结果之间不断涌现时，当依据卓识的判断这种不一致无法容忍时，此时就应该抛弃所述的假设，为新的基础让路。只是穿上风行的数学罩衣，没有把它的决定的授权给予物
29 理科学。在许多时期，按照数学法则发展的第一个这样的科学没有陷入十足的混乱吗？在考虑到同心转动和本轮转动的托勒密的天文学面前，被设计仅仅利用与地球同心转动的欧多克索斯的天文学没有投降吗？依照这位佩卢塞的天文学家[托勒密]的见解，天上的一切运动都以不动的地球为中心。接着，哥白尼难道没有用太阳的固定性取代地球的固定性吗？开普勒的天文学难道没有用简单的椭圆运动取代圆运动的这些组合吗？最后，牛顿的天文学难道没有为万有引力的动力学假设而抛弃这一切运动学假设吗？

作为演绎法甚或数学推理对它的一般应用的推论，实验科学并没有获取代数或几何的不可改变的确实性，而代数或几何的公理则是由常识宣布其绝对为真。至多，支持它的假设暂时被视为超越争议，而且人们以极度的可能性期望，从这样的假设能够演绎出来的推论会与将要观察的事实一致。

于是，对于科学起源来说如此必要的直觉心智，仅仅小规模地参与它的发展。它必须求助于数学心智，以便从已被直觉心智厘清和强固的假设中引出所有的结论，甚至最遥远的结论。在这方面，就发现科学原理而言装备不良的德国天才，由此发觉自己极其适宜于促使原理产生它们所包含的所有推论。

于是，对于德国人而言，实验科学是在它采取演绎形式的那一天，或者更恰当地讲，在它变得穿上数学服饰的那一天诞生的。在

直觉心智是它的进步的唯一原因的范围内,它并不真正值得领受科学的名称。让我们聆听康德就这个理由不得不说些什么:

> 我提议,在每一个特定的自然理论中,除了它包含的**数学**总量以外,就不存**在严格意义上**科学的东西了。事实上,依照先前所述,一切科学,恰当地讲尤其是自然科学,要求作为它的经验部分的基础而服务的纯粹部分。这个纯粹部分仰赖关于自然事物的先验知识。这样一来,认识先验的**事物**,就是通过它的简单的可能性认识它。为了认识自然事物的可能性,也就是说,为了先验地认识它们,就有必要更进一步,认识与可以给定的概念即我们可以构造的概念符合的先验的**直觉**。于是,通过概念构造的理性知识是数学知识。绝对而言纯粹的自然哲学,也就是唯一探究一般构成自然概念的那种东西的自然哲学,在没有数学的情况下也能够达到可能的真理。但是,纯粹的自然理论,因为关涉确定的自然对象(物体的理论和心灵的理论),所以只有按照数学模式才是可能的。而且,在每一个自然理论中,由于除了在它包含的先验知识范围之内不存在真正的科学,因而恰当地讲,自然理论包含科学的程度只不过是将数学应用于它的程度。 30
>
> 就无法针对物质的化学作用找到能够被构造的概念(它甚至是难以满足的愿望)来说,化学无非是系统的技艺或实验的学说,而绝不是严格意义上的科学,因为化学原理[在那个案例中]是纯粹经验的,且不容许先验地体

> 现在直觉中。它们一点也没有使化学现象的基本定律的可能性变得可以相信，因为它们不能借助数学来工作。……
>
> 只有把数学应用于物体理论时，它才能变成科学。①

因此，为了德国人心智可以感觉到自己能够科学地处理我们
31 的经验知识领域，那就必须在其中使用演绎，若有可能应该使用数学推理。因此，人们理解，在文明国家的庞大集合中，为什么德国人是最后一个开始确立逐渐完美的物理学的。人们也能理解，在这个集合中，这个后来者如何占据这样一个突出的位置。这不是偶然发生的，而是从直觉缺乏和数学心智强大的德国天才的特征中必然得出的。

例如，让我们选取一门科学，这门科学最近五十多年在德国的勃兴是惊人的，它就是化学。

“化学是法国的科学。它是由拉瓦锡建立的，具有不朽的纪念。”在就科学进步撰写的一篇优秀论文的头几行中，阿道夫·维尔茨如此表达自己的观点。② 拉瓦锡用来建立化学基础的研究是这样的研究，在其中直觉心智充分施展了它的力量和才智。

在德国实验室把任何卓越的发现贡献给化学的进步之前，化

---

① Emmanuel Kant, *Premiers Principes métaphysiques de la Science de la Nature*, Translated by Ch. Andler and Ed. Chavannes (Paris: 1891); pp. 6-7. [Emmanuel Kant, *Metaphysical Foundations of Natural Science*, Translated by James Ellington (Indianapolis: Bobbs-Merrill, 1970), pp. 6-9.]

② Ad. Wurtz, *Dictionnaire de Chimie*, t. 1, 1874, “Discourse Préliminaire”.

学已经发展很长时间了。在借助类型理论的工具促进形成我们的现代有机化学的探究中,它们的作用依然是微不足道的。在这些探究中,杰出的开拓者是我们的 J. B. 杜马。紧接他而来的有在某一天必定成为波尔多理学院首任院长的洛朗、斯特拉斯堡人热拉尔、英裔人威廉索恩,最后还有另一个斯特拉斯堡人阿道夫·维尔茨;在他们身上,法国天才的直觉、活跃和激情都达到它们的顶点。在这门科学的缔造者中,仅有的德国人霍夫曼能够坚持占据任何有意义的位置的权利,他在胺的发现中是维尔茨的竞争者。

但是,这样的情况发生了:这些值得称赞的探究把数学的语言和过程引入化学。为了描述有机物(碳在其中起基本的作用)的构
成、它们能够借以产生的合成、使它们相互转化的取代作用、在不 32
改变它们组成的情况下使它们多样化的同分异构和聚合现象,新理论按照固定的法则把各个要点的聚集相互结合起来。正是德国人凯库勒,以精确而系统的方式阐述了这些法则。新化学用来说明和预见反应的推理过程属于几何学的一个特殊分支**拓扑学**(analysis situs,topology)。从今以后,在有机化学的发展中,直觉心智具有大大缩小的作用。无论如何,数学心智的帮助日益变得更加不可或缺。康德认为是“永远难以满足的愿望”的东西实现了。“化学原理……变得容许数学处理”。在这一点,德国人立即取得化学这一部分的领地,他热情地为之献身。成千上万的新有机化合物都从巨大的和多样的实验室产生。为了分类和记述这些化合物,德国人给予从拓扑学引出的原理以表达,他借助拓扑学写成确切相似于数学著作的化学专著。

化学力学的历史容许类似的观察。这门科学的对象是决定,

像压力、温度或溶液浓度这样的物理环境以较快还是较慢的速率影响化学反应的停止或方向变化。这个学说的基本假设围绕其聚集的主要思想是这一思想：我们列举的物理环境[circonstances physiques]在化学反应方面的表现，就像它们在物理状态的变化——液体的汽化、固体的熔解、盐和气体的溶解——方面的表现一样。为了察觉在把化学转化与物理转变分开的许多明显差异之下隐藏的这种类似，为了通过精巧的和有说服力的实验使它显露
33 出来，为了保证它抵御它的极端新奇激起的异议，最后为了表明它的多产，就需要智力的力量和心智的精妙。在怂恿乔治·艾梅的预见之后，这种智力的力量和心智的精妙指引了亨利·圣克莱尔·德维勒及其门徒亨利·德布雷、特罗斯特、奥特弗耶、热尔内以及所有这些大师的给人印象深刻的工作，他们具有料想和诠释实验的技艺，在这方面我以一位感激的追随者的衷心崇敬向他们的名字致敬。

在亨利·圣克莱尔·德维勒学派奠定了化学力学的实验基础以后，其他人沿着他推进的这门科学开始采用数学形式。在这方面，求助热力学原理对他们来说是充分的，热力学已经使物理状态的变化如汽化、熔解和溶解处于它的定律之下。具有把热力学定理应用于化学分解观念的第一人是我的老师J.穆捷，不久另一个法国人佩斯林随之而来。此后很短时间，两个人采取穆捷开辟的路线：德国人霍斯特曼和美国人J.威拉德·吉布斯。但是，后者比前者前进得更远，化学平衡的数学理论几乎是他一手完成的。

此时，问题是使这种数学理论的推论服从实验的对照核实，以便决定它的正确性和多产。在法国，这是H.勒·沙特利耶先生

的任务。不过,它原则上是范德瓦尔斯先生、巴克许伊斯·罗兹博姆和范托夫的荷兰学派的工作;范托夫曾经是维尔茨的学生,范托夫的荷兰门徒之一 Ch. 范德芬特尔先生写道:

> 在许多方面,范托夫的工作应当被看做是法国的,而
> 不是德国的。确实,他因有扎实根据的东西而感受到极
> 度的尊敬;但是,他热情爱恋的是观念,用明朗的笔触勾 34
> 勒的观念;他的探究倾向于把观念猛掷到世人面前,而不
> 是大量获取没有一个人能够移动的庞大而结实的块料,
> 以便用每一种方式磨圆它,抛光它。他乐于把这项工作
> 留给另外的人。[①]

这些另外的人着手工作;他们是德国人。

事实上,此时化学力学已经达到这样的程度:数学心智能够如此贯彻它的原理,以至它们可以以规则的样式产生它们所需要的全部推论,这些推论每一个都应该遵循此后固定的程序,依次交付实验检验。这种系统的工作——现在它不再是发明的问题,而是已经设想的理论的有序展开的问题——是德国实验室为自己分派的要完成的任务。

立体化学的历史,可以为我们提供我们尽力确立的真理的第三个例子。

---

① 被下述文献引用:W. P. Jorrisen and L. Ch. Reicher, *J. H. Van't Hoff's Amsterdamer Periode* (1877-1895) (Helder,1912),pp. 28-29.

在这个历史的开端，我们能够发现巴斯德关于酒石酸和酒石酸盐或酒石酸酯的难忘的探究。我们能够看见，这些探究在实物的结晶形式和这种形式强加在偏振光上的旋转之间建立了一组关联。接着，我们可以看到，法国人勒·贝尔和荷兰人范托夫同时构想出一个大胆的思想：有可能把巴斯德表明是针对结晶形式的案例的东西完全转变为化学公式。这两个化学家的观察引起他们的假设的头一批确认。自从那时以来，被赋予旋转能力的实物的化学，便能够受到极其精确的数学法则的支配。正是在这一点，德国实验室可以接过这些实物的研究。在这个时候，借助立体化学系统阐明的数学定律，埃米尔·菲舍尔和他的学生可以确定糖的化学构成，导致它们的合成。

35 当实验科学达到完美的地步时，此时演绎推理详尽地展现假设的结果；或者更恰当地说，当它适宜于使用数学推理时，它就容许人们十分精确地预见在给定境况下什么将要发生，它的预期几乎保证不会失败。现在，预见就是力量。因此，当实验科学变成演绎的，尤其是当它变成数学的，它就是工业的向导。

从这一点开始，为了促进工业，数学心智必须引出永远处在科学原理中的全部推论，以至工程师可以在推论中发现众多有用的真理、实际制作法和可取得专利权的流程。因此，一旦我们的力学、我们的物理学和我们的化学达到演绎的和数学的阶段，如此适合于从给定的原理演绎所有推论的德国人的数学心智，从它们之中奇迹般地适应于开发出具有惊人力量的工业，这难道不是很清楚的事情吗？人们往往注意到，几乎没有能力创造新观念的德国人，在汇集和展开来自其他地方的发明的推论中却是最为熟练的。

事实上，这些确实是典型的特点：理性或数学心智［raison ou l'espirit de géométrie］的过分发展借以压制常识，从来也不允许它成长为直觉心智。

当像这样的理性开始对实验科学的进步起作用时，它发现自己醒目地暴露在两个失败之中。

第一个是把演绎形式甚或数学形式强加在还没有准备采取那种形式的观察科学之上。从直觉心智还没有花费时间分析它们和使它们变精确、实验往往没有审查它们足以确保它们的稳固性的假设之中，十分严格的推理过程仓促地引出众多的和详尽的推论。这等于在流沙上建造坚固的大厦。它是在做徒劳的事情，并走向 36
彻底的失败。

这些失败的第二个是，忘记其原理从实验引出的科学依然是用实验可以裁决的。于是，当它开始得到某些从理论演绎的推论并把它们与事实比较时，观察者应该以同样多的谨慎和公正调查实在，仿佛被卷入的推理过程没有向他提供任何预备的指示。应当把他的注意力吸引过来，以特殊的敏锐性在每一个事实上施加影响：这样的事实背离所断言的东西，看来好像是无意义的。如果所预期的东西的这些矛盾要求他的直觉心智的话，直觉心智就应当以一丝不苟的精确性选择和权衡这些总是准备好的证明，宣告理论不适用，而不管它先前可能接受的所有确认。相信严格的演绎有能力授予假设的推论以前提并不享有的先验的确实性；由于这种信任是强烈的并且没有更多的信息，认为在理论预言和实在之间的所有不一致是偶然的和微不足道的；甚或更进一步，针对这些不一致构思仅仅为派别的意图而伪造的说明和辩解——上述这一切即使没有陷入最应该受到处罚的欺诈,也陷入最严重的大错。

理性因为缺乏卓识和直觉心智,无法辨认突然在其中冒出真理的地点;在理性擅长的严格演绎的推论中,理性如此乐意看到前提并不享有的确实性的源泉——这样的理性正如我们所说的,对于抵御我们注意到的两种危险是完全丧失警戒的。

在物理学领域,一些新现象被发现了吗?这类理性一直等待这样的时刻到来:敏锐地分析、严肃地批判所重复的精巧实验,可
37 以确立、阐明与现象有关的定律,并使它们变得更精确。恰当地完成这个任务会太多地要求心智的机敏(subtlety of mind)[finesse d'espirit]。所述的理性用代数方程代替刚刚观察的事实,没完没了地从具有不确定价值的原理演绎。在过去二十多年,由德国带给我们的这类理论——大部分专属于某种电效应——何其之多!

而且,另一方面,在每一个像工厂一样庞大的这些实验室中,具有军事纪律的学生集群[une pleïade d'étudiants]在那里工作。他们每一个渴望在合情合理的时间内获得令人羡慕的"博士"头衔。每一个攻读学位者都接受来自一个理论的众多的但却类似的推断之一。检验这些推断的每一个,将给学生提供博士学位论文开题的素材,提供授予博士学位的微不足道的论题。在规定的时间内,在没有复杂境况和没有意外的情况下,该理论总是被证实。

在法国实验室,理论并非总是表现得这样驯顺的殷勤。尽管它们可能是完备的,并受到先前实验的良好检验,但是它们还是无尽地展现自己是过于简单的。实在是如此丰富多彩、如此错综复杂,以至于它在各个方面都胜过理论。在相当长的期间内没有发现未预见到的、困难的和例外的案例,精明的观察者从来也不能寻

求理论的检验结果,他的精神的微妙发觉有许多机会使它本身对此施加影响。与之对照,在某些德国实验室的门槛里,人们能够像在某些抽彩给奖中那样花言巧语地撰写:每一个人在这里都赢得胜利。瞧一瞧骰子带来加六倍的每一次投掷,你会与帕斯卡一起呼喊"骰子是灌过铅的"吗?您想到你正在从事专门作弊的职业牌手的营生吗?不,你把纪律严明的数学家安置在你面前。当理论被德国**教授先生**接受从而为真时,他们不能设想从它能够严格引出的推论怎么会是假的。

让我们举一个特殊的例子,它具我们斥责德国的科学的两个 38
缺点。海克尔对达尔文假设的态度提供这样一个例子。

查尔斯·达尔文是一位不可思议的观察者。他耐心且精明,以并驾齐驱的洞察力和透彻性调查思索在相同的动物物种或植物物种的个体中发现的某些变种。在他看来,情况似乎是,在这样的物种内,各个种属的形成能够用自然选择的作用来说明。于是,在仅仅谨慎地扩展他这样发现的定律时,他认为它使得一切物种的生物逐渐起源于单一的源泉[souche]是可信的。

这个假设性的命题好像弄懂了大量事实的意义。人们在自然界碰到它与之不相容的任何事实吗?倘若是,那么极其细心地收集这些事实,周密地审查它们,并决定它们反对自然选择理论的证据是否只是表观的,或者证据是否与该理论在形式上矛盾,就是观察者的任务。这是许多博物学家完成的劳动,一位大师处在第一流的博物学家之中,查尔斯·达尔文高度称赞他的聪颖,他就是我们的伟大的亨利·法布尔。在达尔文的假设中,除了一些碎片以外,这项工作几乎没有遗漏任何东西。

海克尔没有从与观察者相同的观点领会问题。这里是在《物种起源》问世之后十三年，他就达尔文理论这个主题所写的话语：

> 接受或不接受它作为一种说明的理论，并不取决于每一个动物学家或植物学家一时的爱好。在更好的理论未出现的情况下，由于人们在自然科学领域大量依靠基本原理，从而被严厉地强使接受和保护每一个能够与动力因协调的理论，即便它是软弱无力地确立起来的。不这样做就是拒绝现象的每一个**科学说明**。①

39 我们先前认为，科学假设能够让我们相信的唯一资格，依赖于它的推论与仔细观察的所有事实一致。根本不是这样！尽管它可能是“软弱无力地确立起来的”，但是它“严厉地强使”我们接受它，至少在我们不具有更满意的假设之时。正如你们所说，这不符合常识。我不是对你们说过，在许多德国人的推理过程中，常识过于经常地缺席吗？

自然选择公理提出后，数学心智由此抽出推论，从而不管好坏地强迫自然与推论一致，而这些推论竟然是从“严厉地强使”我们接受的原理按规则演绎出来的。海克尔对经验的态度是多么惊人地随意！

例如，让我们读一读他专论自然发生说的讲演。这次讲演的

① Ernest Haeckel, *Histoire de la creation des être organizes d'apres les lois naturelles*, Translated by Ch. Letourneau (Paris: 1874), Second Lesson, p. 27.

意图是,证明自然发生说是可能的。关于世界体系形成的假设,与地球的古物和温度有关的考虑,有机化学和无机化学之间的关系,传说中的深水类生物(Bathybius haeckelii)的摹写,都相继卷入支持正在捍卫的论点。不管怎样,我们记得,实验家相信他们不只是证明自然发生说的纯粹可能性,而是证明了它事实上的实在性。我们回想起,在值得注意的一系列探究中,巴斯德宣判这样的实验家犯有错误。人们必须肯定无疑地考虑这一驰名的争论。海克尔在没有提及路易·巴斯德名字的情况下,就自然发生说写了二十九页。关于这一争执,海克尔写的一切都在这里:

> 直到现在,直接地和无可争辩地观察到的,既不是自然发生[①]现象,也不是原生质发生[②]现象。为了证实自发的发生的可能性、实在性,人们不时地设计众多往往是十分有趣的实验。但是,这些实验一般处理的是原生质发 40
> 生而不是自然发生,是有机体靠有机物的自发形成。显而易见,就我们的创造物的历史而言,实验的这种最新类别仅仅具有次要的兴趣。自然发生存在吗?尤其是,解决这个问题是很重要的。有机体也许会自发地从原先不是活着的物质、从绝对的无机物质中诞生,这是可能的吗?现在,我们能够完全忽略为数众多的实验,关于原生质发生课题的这些实验在最近十年以这样的热情试图完

① 生物自发的发生是靠纯粹的无机化合物。

② 自发的发生是靠有机化合物。(中译者注:此处“自发的发生”疑为“原生质发生”。)

> 成，此外它们**绝大部分**[①]具有否定的结果。事实上，即使原生质发生的实在性是否被严格地确立起来，那也不可能证明与自然发生有关的事情。[②]

真的。但是，产生自发发生是不可能的，即使从生物提供的实物中产生也不可能，这提出一个异常有说服力的假定：从纯粹的无机物不可能得到它。老实人会这样告诉我们。

当科学家求助于变戏法，以便使烦扰他的实验消失时，那么他缺少的就不是卓识，而是诚实。[③]

① 强调是我们所加的[迪昂]。

② Ernest Haeckel, *op. laud.*, Third Lesson, ed. Cit., p. 300.

③ 在1908年，阿诺德·布拉斯博士指责海克尔给出完全或部分捏造的胚胎学图像，为的是支持关于人的类人猿血统。这一指控是激烈争论的起点。

这次争论导致海克尔写出下述数行文字，他在自然科学中的理解和工作方式在其中清楚地展示出来：

> 我对自然和自然科学的热情（我的对手常常把它描绘为狂热），以及在我身上早就发展的圆满完成整个探究领域的特殊倾向的热情（我的几个朋友诙谐地称其为把东西完全吃光的倾向），常常导致我超越精密观察的界限，并借助沉思和假设填充空隙。但是，我相信，我正好以这种方式往往达到有用的结果，而且与千万次的观察相比，我的如此被嘲笑的自然哲学对知识和对真理进步做出更多的贡献；在我的论述放射虫、海绵、海蜇、管水母[腔肠动物门]等的专著中，我有意识地把这一切讲给公众。（Ernest Haeckel, *Sndalion: eine öffene Antuwort auf die Falschunges-anklagen der Jesuiten.* [Frankfurt-am-Main: 1910], p. 49.）

第三讲:历史科学 41

女士们和先生们:

历史的真理是实验的真理(truth of experiment)[vérité d'expérience]。为了识别或揭示历史的真理,心智要精确地遵循与揭示实验的真理相同的路线。不过,历史与其说是观察事实,还不如说是研究遗迹,它破译文本。而且,这些遗迹和这些文本本身也是事实。

在所有历史探究的开端,正像在一切实验探究的开端一样,预想观念是必要的。这种观念常常通过一些幸运的发现启示历史学家,例如发现某个现在埋在地下的遗址或某个未知的文本,机遇使他在古城的废墟中或图书馆的灰尘中发现它。

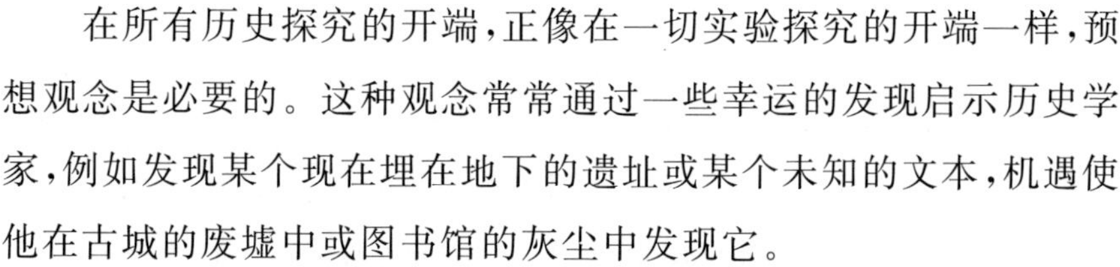

必须把这种预想观念提交文献对照核实;为了做这件事情,人们必须探究这些文献。这样的探究常常是困难的,总是令人神往,但却没有精确的法则指导它。人们在其中重新发现追寻的魅力和不可预见性。正巧在每一事物好像保证有丰富资料来源的地方,人们发现灌木丛空空如也,追求目标以它的覆盖物作为出发点,而人们以往从未想起碰见它。指引这样的追寻的迹象几乎没有理性 42
的推理,以至正在诱使把对发掘和档案技艺娴熟的探究者与追踪气味的猎犬比较,并说这样的人对这样的事情具有天资。

人们必须利用收集到的文献。因此，他们中的每一个人都需要有眼力的细查。它是可信的吗？它所署的年代日期，它显示的签名，不是事后由某个伪造者或无知者添加的签署吗？它是完备的吗？或者更确切地讲，它不只是一个片段吗；而且，假使那样，缺失部分的范围、性质和意义会是什么呢？它是不偏不倚的吗？作者毫无添加和毫无保留地讲述了他认为是真实的一切吗？他的激情和利益没有导致他夸大、或隐瞒、或窜改他在告诉的事件的一部分吗？或者恰当地讲，相反地，他不可能透彻了解使我们大多数人感兴趣的这些事情吗？我们准确地理解他使用的语言吗？对于他针对他们讲解他提出的思想的那些人来说，这些思想向我们适当地传达了它们具有的含义吗？这里只是附带触及的、文献的最细微之处呈现的多种多样的问题就是这样的，这才是问题；如果人们要把这种雕刻在石头或金属上、书写在纸莎草纸或羊皮纸或纸上各种各样的记符这种死东西，转换为告诉我们过去时代的惟妙惟肖的、栩栩如生的存在，那就必须解决这些问题。菲斯泰尔·德库朗热说过，必须通晓如何诱发文本。这位大师的对手伪称在这一规诫中看到证人的教唆者的劝告。仿佛他容许这样的不恰当思想，这位正直加灵巧的人，这位立誓把他的一生奉献给这门科学而做出难忘议论的历史学家说：“我们要求它完全公正无私地讲话，这是历史的贞操！”[①]让我们更加聚精会神倾听菲斯泰尔·德库朗
43 热的话语。在文本面前，历史学家应该像询问的执法官一样面对

① Fustel de Coulanges, *De le manière d'écrire l'historie en France et en Allemagne depuis cinquante ans* (Revue des Deux Mondes, Vol. 101, 1872, p. 251).

证人,这位证人不准确地目睹了事情,或者他顽固地拒绝叙述他看见的东西,或者他愿意虚构他没有看到的事情。然而,执法官凭借慎重的、耐心的和娴熟的接连询问,最终从这位不知道的、或抗拒的、或假装的证人引出准确的、真实的和有用的信息。

当人们迫使文本讲话时,那么就必须聆听它们的语言。它们的证词并非仅仅出示那些有利于预想观念——它们被称之为关于预想观念的证据——的事情。在文本中有一些项目将倾向于削弱我们的先入之见。这些项目的证据应当在重要性上超过有利的证据吗?再者,它必须立即谴责或拒斥我们心智认为其瞥见到真理的微弱闪光的先入之见吗?在现在进行中的工作是执法官的工作。它要求成为一个公正的执法官的所有品质,不仅是心理的严峻和眼力,除此之外还有所谓无偏见性的优秀而罕见的内心美德。这种无偏见性往往非常难以实行。要放弃我们起初预先安排的观念是艰难的,因为人们总是依恋他自己的主见。之所以是艰难的,往往是且尤其是,因为我们希望确立的历史论点在捍卫或攻击中有用处:捍卫对我们来说是可贵的事业,或攻击我们发觉是可憎的学说。在每一个科学领域,但是特别在历史领域,对真理的追求不仅仅需要智力能力,而且也要求道德品质:正直、诚实、摆脱一切偏好和所有激情。

一旦我们的初始假定被拒斥,我们就必须做另外的、考虑所有已知文本和一切文献的假定。接着,如果可能的话,我们必须针对新文献检验第二个论点。以这样的方式,通过不断地把我们的思想与事实比较,通过连续地以事实影响我们的思想,一点一滴地,
人们会发现,历史的真理使它自身解脱约束,从而变得明晰了,变 44

得清楚了。为了给关于加洛林王朝[①]君主制起源的假设辩护，历史学家除了用巴斯德过去惯常证实狂犬病原因的假设的方式外，别无其他方式行进。

历史工作为了达到它的目的，绝对需要直觉心智。人们能够就这样的探究恰如其分地说，它的“原理可在日常应用之中被发觉，并且对每一个人的目光是敞开的。人们只是必须瞧一瞧，没有必要不遗余力；它仅仅是健全的眼力的问题，而且眼力的确必须是健全的，因为原理是如此微妙、如此众多，以致某些原理不逃脱注意几乎是不可能的。现在，遗漏一个原理便导致错误；因此，人们必须具有清楚的眼界，以便看见全部原理，从而精确的心智不从已知的原理引出虚假的演绎”。[②]

由于丧失了机敏精神(spirit of finesse)，德国人的智力非常缺乏远见。不过，它仍然渴望致力于历史工作，想望变成它的主人，并教导其他人应当如何追求它。于是，它宣称绘出历史学家工作的路径，这条路径用能够盲目跟随它的护栏如此狭窄、如此严厉地划定边界。它心血来潮，要把文献探究、文本批判和证明结论简化为如此精确和如此独断的法则，以至最缺乏敏感性和最丧失常识的智力仅仅遵循它们就可以毫无偏差地达到真理。这样一来，这个不能察看时间的钟表的表针，被精确按节拍走动和啮合的机械装置钳制，以精密地指示时间。把历史学家的评论变成井然有序的、机械地起作用的时钟机构的整个这些法则，在历史方法的名

① 加洛林王朝(Carolingian monarchy)是法兰西王国第二王朝。——中译者注

② [Pascal, *Pensées*, see Trotter Translation, Ⅰ, p. 1. 不过，所给出的译文是本译者的译文，译自迪昂的法文。]

义下试图要世人称赞。

不存在任何历史方法，也不可能存在任何历史方法。

无论谁谈到**方法**，他讲的都是“精确地追踪的程序的方式，它能够毫无偏差地从一个界限导向另一个界限”。在技艺中，在有明 45
确阐明程序的地方都存在方法，这种程序借助专门的工具容许人们毫无错误地完成指定的工作。在心理操作中，如果推理具有实施的法则，而这个法则从某些给定真理的知识导致推理无误地发现是那些给定真理的必然推论的其他真理，那么就存在方法。眼下，按照亚里士多德的真正定义，[①]“某些事物已知，一些其他事物通过唯有给定事物本身具有的属性的推理必然随之而来，这一推理过程”就是三段论。“三段论是语段，在其中某些事物被陈述，与被陈述的东西不同的一些事物作为它们如此存在的必然结果而出现。”这实际上等于说，在智力领域，“方法”是与三段论推理同义的，它毫无例外是演绎的。

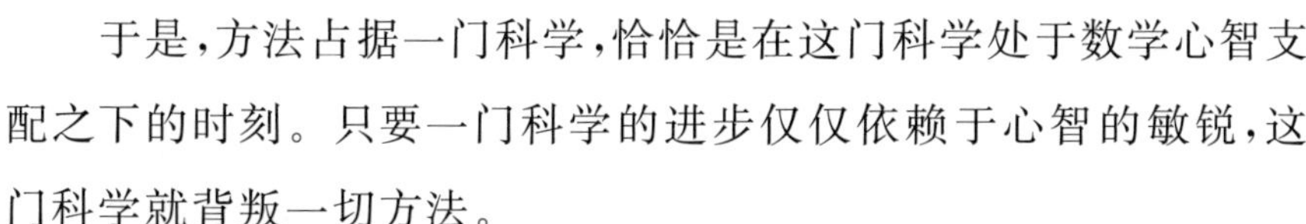

于是，方法占据一门科学，恰恰是在这门科学处于数学心智支配之下的时刻。只要一门科学的进步仅仅依赖于心智的敏锐，这门科学就背叛一切方法。

存在亚里士多德持久确立其规律的一般演绎法。存在对每一门演绎发展的科学来说特殊的方法：代数的方法，几何的方法，力学和数学物理学的方法。从原子标记法容许人们说，借助于精确

① Aristotle, *Prior Analytics*, Ⅰ, 1. U. C. 19-21. [See A. J. Jenkinson, Trans., *Analytica Priora*, in Richard McKeon, ed., *The Basic Works of Aristotle* (New York: Random House, 1941), p. 66:“三段论是语段，在其中某些事物被陈述，与被陈述的东西不同的一些事物作为它们如此存在的必然结果而出现。”]

的法则,用什么反应系列,人们能够无错误地引起这种置换或那种合成的那一天起,就存在化学的方法。

只要历史不是通过演绎进行的,就根本不存在历史方法;而且,历史将永远不是演绎科学,因为人、历史的主体,太复杂了,总而言之太困难了,以致于不能用任何定义正确地决定,由于他在事件环境中的行动太繁多、太细微、太混乱了,致使无法测量。

处于最佳位置的目击者也无法看见一切事物。谁能详细说明
46 给定事实未引起他注意的一大群琐细的情况呢?这位将军没有注意他负责指挥的战斗的某些事件:他忙于制服他的马,马刚刚被飞虫蜇了一下。

最可信的目击者也不会报道他看见的每一事情;他只是讲述对他来说似乎是值得注意的事情。而且,他的偏好的动机往往是多么微不足道!这位将军在他的叙述中,一句也没有提及记录战斗结束的军队的战绩。他却给出战斗开始时发生的行动的充分细节,完全类似于上面所述的细节。为什么会有差异呢?他中断了他的叙述的结尾,因为他快要累倒了。

这样一来,人们期望通过严格的推理达到在发生的东西和目击者注意的东西之间、他看到的东西和他报道的东西之间的精确关联吗?在这个过程中,在哪里去发现那些简单的观念,那些明确定义的概念呢?那几个初步的原理——没有它们便不能遵循演绎法——在哪里去寻找呢?

另一个理由禁止历史利用演绎法。

为了使一门科学能够变成演绎的,在它所探索的领域,推论必须作为必然的结果出自资料。情况必定是,这个领域受到严格的

决定论的支配。

这样一来,人们从来不能在历史中演绎;从来也无法断言,这样的作为已知的原因必然产生这样的结果。的确,人的意志将总是插入原因和由原因引起的东西之间,而且这种意志是自由的。

例如,不可能系统制定绝对可靠的程序,来辨认文献给出的证据是真实的还是虚假的。把所有迫使作者掩饰真相的理由收集在一起,引证所有怂恿他的利益、所有煽动他的激情、所有腐蚀他的恶习:他依然还是坦白的而未误入歧途,因此很有可能,他正在讲
真相。如果你指责他欺骗我们,那将是因为你的常识、你的智力敏 47
感性使你怀疑他作伪证。这不会是三段论的结论,因为这个人的自由意志总是可以妨碍你的三段论有效。

要历史批判像井然有序的机械装置一样可靠地和精确地起作用,那么情况必定是,人本身是机器,他具有机器的简单的、刚性的转动装置和必然的运动。

现在,德国人的历史对准成为方法的历史、演绎的历史。从它提出的作为确定的原理出发,它严格地宣称引出不能不为真的、不能不符合现实的结论。而且,如果事实与推理的推论不一致,那么更糟糕的是事实。正是事实有错误,而不是三段论的结论错了。将要加以修改和矫正的正是事实,而不是方法提供的预言。

哎呀!断言法国历史学家从来未显露这种坏习惯,也许是不可能的。在许多情况下,真理能够服务或阻止如此强烈的利益、如此暴烈的激情,以致很难完全独立地探求它,以致从来也不难引诱使现实仿效人们意欲支持的论点塑造的图像,而不是在事实之上形成论点。菲斯泰尔·德库朗热在 1872 年写道:“五十年来,我们

的历史学家都是政党党员。尽管他们有可能是真诚的，尽管他们自信自己是无偏见的，但是他们还是遵循把我们分开的这批或那批政治主张。热情的探究者、权威的思想家、技艺娴熟的作家，他们都把他们的热忱和他们的才干服务于一项事业。我们的**历史学**类似于我们的立法议会：人们能够分辨出右派、左派和中间派。它是各种主张在那里斗争的竞技场。撰写法国史是为党派效力而反对敌手的工具。于是，历史在我们中间变成一种持久的内战。”[①]

48 例如，正是在菲斯泰尔写作的时代，他面对这种斗争的历史，针锋相对地建立像他的刚直希望它所是那样的历史科学。他说：“也许更为可取的是，历史总是具有比较和解的方式，它依然是一门纯洁的、绝对无私的科学。我们应该希望看到它在那些既没有激情、也没有敌意或复仇欲望的平静区域里高扬。我们要求它十足的公正的魅力，公正是历史的贞操。……我们热爱的历史学是那种以前岁月的真正的法国的科学，是那种如此沉静、如此简朴、如此崇高的学问，是我们本笃会修士[②]的学问，是我们铭文学园的学问，是博福尔、弗雷列以及许多其他著名的或无名的人的学问；他们教导欧洲，历史科学是什么，他们可以说播下了今日所有学问的种子。在那个时代，历史学熟记既不是党派的，也不是种族仇恨的。它只寻求真，它只称颂美，而仅仅厌恶战争和贪婪。它不服务

---

① Fustel de Coulanges, *loc. cit.*, p. 243.

② Benedictine 可译为“本笃会修士”或“本笃会修女”。以下此类宗教词汇中的“修士”同样可译为“修女”。为避免译为“修士或修女”的啰唆，我们译为“修士”，它包含“修女”在内。请读者留意。——中译者注

于事业,它没有祖国。由于它不教侵略,它不需要教复仇。”[①]

菲斯泰尔·德库朗热系统阐明的抱负被倾听,被响应。之所以如此,首先是因为这位大师在他的教导中像在他的著作中一样,坚持历史学家应该具有美德,身体力行做出完美的榜样。之所以如此,其次是因为他向法国人强调他的希望:如果我们在我们自己中间过分热衷于争斗,那么至少我们之中的许多人会为使用不正当的战术而感到羞愧。我们也看到历史学家的群星[pleaïde]诞生并成熟起来,他们恢复了纯洁的、沉静的、无偏见的传统,菲斯泰尔颂扬法国的历史创作者中的这种传统。

为了做到真诚坦率,他们必须知道如何把政治激情抛在一边,即使他们的冷淡态度激起所有党派的抗议。确实,我们中的许多人能够回忆起,在由《当代法国的起源》相继各卷出版引起的公众观点中的矛盾动向。由于他的第一卷《古代政体》,泰纳深深地激
怒了保皇党人。专门论述《大革命》历史的接连三卷激发了在雅各 49
宾派中间还未平息的风潮。最后,是帝国主义者的诅咒,迎来了《现代政体》第一卷的面世。在这部著作中,没有一个人发现对他自己党派的阿谀逢迎的描绘,只有那种描绘才能被判定是真正的雷同。伊波利特·泰纳是名副其实的伟大而诚实的人,他不希望勾勒这样随和的图像。他写道:“按照我的判断,过去有它自己的轮廓,这里所描绘的画像只是类似于法国在先前岁月的画像。我追溯它而没有想到眼下的争论。我写它就像写佛罗伦萨或雅典革命的论题一样。这就是历史,仅此而已,老实讲,我认为我作为一

① Fustel de Coulanges, *loc. cit.*, pp. 250-251.

位历史学家的职业太高尚了，以至不能与之俱来地告诉另一个虚伪的故事。”①

像菲斯泰尔·德库朗热或泰纳这样的众多历史学家，知道如何保持对真理的坚定尊重，他们始终如一地是人，是具有灵魂的人，他们中的每一个人始终不渝地为他们认为是正义和善良的事业怀有热忱献身的精神。例如，亨利·乌赛本人在他的颇受称赞的《1814 年》的开头写道：

> 我们诚心诚意地寻求真理。在冒着打乱每一个人主张的危险中，我们希望一点也不遗漏、不隐藏、不软化。但是，无偏见不是中立。在这个尤其集中在法国、集中在重大伤亡的记述中，我们不可能不因怜悯和愤怒而颤抖。我们没有站在法兰西第一帝国一边为皇帝的胜利而欢欣鼓舞，为他的失败而悲痛欲绝。在 1814 年，拿破仑不再是国王了：他是将军。他是法国军人中第一个最伟大、最果敢的军人。我们重新集合在他的旗帜下，和戈德弗鲁瓦·卡芬雅克老农一起说：“它已不再是波拿巴的问题。[法国的]土地被侵略。我们奋起战斗。”②

50 当法国的土地再次遭受侵略时，乌赛本人参加了战斗。

亨利·乌赛心智的微妙性熟知，如何把贯彻到牺牲之点的热

① H. Taine, *Les Origines de la France cintemporaine: la Revolution*, Vol. 1, *L'Anarchie*, “Preface”, p. 14.

② Henry Houssaye, *1814*, 53rd (sic) Edition (Paris: 1907), “Preface”, p. viii.

爱祖国和贯彻到最关注的无偏见的热爱真理协调起来。请不要向德国人的数学心智要求这样得体而雅致的杰作。

数学心智把历史变成演绎科学。它从这种心智认为是绝对为真的公理发源。它严格地从这些公理演绎的推论本身不能不是绝对真的。因此,可以预先确定,以如此之多辛劳和对细节的注意收集到的所有文献,都被安排在这些先验构造的界限内。德国历史学家由于这种必然性依旧如此确信,假如碰巧某个文本不完全适合为它分配的处所,那么好了,蛮横地强使将使这个反叛者顺从推理强加给它的纪律。

在德国编史学(German historiography)[l'histoire germanique]诉诸的公理中,有一个支配所有其他公理的公理。它是以这些词语提出的:德国高于一切!

并不是正好在最近,德国历史学家才绝对信赖这个原理。请听菲斯泰尔·德库朗热在1870～1871年战争结束伊始描写他们的话语:

> 唯一的和共同的意志驱动[circule]着这个庞大而博学的团体,这个团体仅仅有一个生命和一个灵魂。
>
> 如果你寻求给予德国博学之士以这种统一和这种生命的原理,那么你会注意到,它就是热爱德国。我们在法国主张,学问不知道祖国。德国人坦白地坚持相反的论点。他们的一位历史学家德吉泽布雷希特先生最近写道:"科学不知道祖国,它翱翔在国境之上——这是假的。科学不应当是世界主义的。它应该是国家的,它应该是

德国的。……”

51 德国学者具有使我们法国人惊讶不已的探究热情、工作能力。但是，他们不相信，一切热忱、一切工作都是为了科学。科学在这里不是目的，它是手段。超出科学，德国人看到祖国。这些学者(scholars)是能写会读的人(scholars)，因为他们是爱国者。德国人的利益是这些不知疲倦的研究者的最终目标。人们不能说真正的科学精神是德国人缺乏的，但是它比人们通常设想的要稀少得多。纯粹的和无利害关系的科学在那里是例外，只受到不高的评价。德国人在所有事情上都是实际的人。他想使他的学问服务于某一事业，具有一个目标，击中要害。它必须或多或少地与国家的野心、德国人民的好恶一致。如果德国人民渴望阿尔萨斯(Alsace)和洛林(Lorraine)①，那么情况必然是，德国的科学就会在二十年前占有这两个省。在荷兰被占据之前，历史学必须表明，荷兰人是德国人。它同样也会证明，伦巴第(Lombardy)像它的名称标示的那样是德国的领土，罗马是德意志帝国的天然首府。

在这里，更为怪异的是，这些学者完全是真诚的。把最少的罪恶信念归咎于他们也许是恶语中伤他们。我们不认为，他们之中有一个人会故意地赞同书写谎言。他

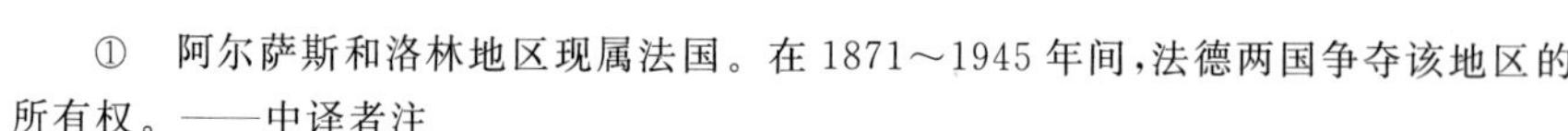

① 阿尔萨斯和洛林地区现属法国。在1871～1945年间，法德两国争夺该地区的所有权。——中译者注

> 们具有讲真话的最善良的意愿,而且他们正是如此做出严肃的努力。他们以历史批判的全部警惕把自身包围起来,以便强使他们自己是不偏不倚的。假如他们不是德国人,他们可能是这样。他们能够注定产生最强烈的爱国主义。据说,由于莱茵河彼岸的某种理由,真理的概念总是主观的。确实,智力只看到它想看见的东西。德国历史学家的眼睛是以这样的样式造就的,它们只察觉有利于他们国家利益的那些事情。他们理解历史的方式就是这样的。他们不会以其他方式了解它。因此,在他们手中,德国的历史十分自然地变成十足的颂文。从来没 52
> 有一个国家如此大肆夸口吹嘘。以不受惩罚地自吹自擂他们自己为目的,他们非常熟练地从自吹自擂的耻辱中得益,而我们则防备我们自己因自吹自擂引来的斥责。我们禁止我们自己是吹牛的人;他们公然夸耀吹牛的人。即使当我们的历史学家看来猛烈地贬低我们时,我们也使整个世界意识到,我们正在自吹自擂。他们在没有告诫任何人的情况下,拘谨地、谦卑地、科学地、奋不顾身地和出于绝对的必需自吹自擂。这就是五十年间发生的事情。①

自菲斯泰尔撰写这些话语以来,已经过去四十三年了。德国人继续自吹自擂他们自己。但是,他们的语气由谦卑和拘谨的语

① Fustel de Coulanges, *loc. cit.*, pp. 245, 246-247.

气变成以骄傲自大、飞扬跋扈、肆无忌惮为特征的语气。他们通常甜蜜地嘁嘁喳喳：德国高于一切！他们特别喜爱的公理的宣言书，现在变成一群凶猛野狼的疯狂嚎叫。

德国学术界辛苦收集的和审慎批判的文献都可以证明这个命题的确立：世界上一切伟大的、美丽的和善良的事物都是德国的。一位职业历史学家比我能够以更多的例子和更多的能力向你表明，如何着手强使文本恰好承担所期望的证言。不过，作为我的远足限定在历史所是的领域内，他们使我面临这种改写文本技巧的几个稀奇古怪的例子。请容许我给你们举一个例子。它出自Jos. Ant. 恩德雷斯博士论奥诺雷的奥古斯托都努姆城(Honorius Augustodunensis)[①]的专著。[②]

在那里有一部12世纪的作者题为《关于教会的光辉》(*De Luminaribus ecclesiae*)的书籍。在其中，依次列举是教会火炬之光的主管天才人物以及他们的主要著作。它的最后一章专门论述作者本人。他告诉我们，他是奥古斯托都努姆城教会的司铎和学者奥诺雷(Honorius, presbyter et scholasticus ecclesiae Augustodunensis)。
53 按照每一个人的判断，包括恩德雷斯先生本人在内，[③]在德国从来没有一个城镇被称之为奥古斯托都努姆。在历史上，拥有那个名字的唯一城镇是法国的城镇奥坦(Autun)。因此，在那里关于拉

① 奥古斯托都努姆(Augustodunensis)是埃都依人在高卢的一个城市。——中译者注

② Dr. Jos. Ant. Endres, *Honorius Augustodunensis*, *Beitrag zur Geschichte des geistigen lebens in 12. Jahrhundert*. Kempten und München, 1906.

③ Endres, *op. laud.*, p. 11.

丁语叙述的意义毫无疑问。它应当被翻译为："奥坦教会的司铎和督学奥诺雷"（Honorius or Honoré, priest and school-inspector [*ecolatre*] of the Church of Autun)。

如果我现在要问你们，奥诺雷属于什么地区，那么你们会有把握地回答我："当然属于奥坦！"你们对历史方法一无所知。知道它的恩德雷斯先生则毫不犹豫地回答：奥坦的奥雷诺出自雷根斯堡(Ratisbon)[①]。

你们无疑希望了解，这样的结论是如何建立的。你们将会看到。

在恩德雷斯先生专著的第一行，就提出支撑整个证明的公理：奥坦的奥诺雷是德国人。为什么？德国作者鲁珀特·冯·多伊茨、格霍·冯·赖兴施贝格、奥托·冯·弗赖辛在没有任何进一步的证据下断言，他应当被计入最驰名的德国作家的数目之中。恩德雷斯先生同意他们的判断，没有丝毫讨论的痕迹。

由于奥坦的奥诺雷是德国人，那么留下的问题只是决定他在德国出生的城镇了。

正是在他称呼他自己是奥坦教会的司铎和教导者的那篇文章中，奥诺雷声称是《世界的图像》的作者；该书对宇宙做了概括的和初步的描述，在中世纪极其风行。《世界的图像》包含地理学的简要梗概。让我们瞧瞧它。我们看见，在巴伐利亚(Bavaria)[②]只有一个城镇被特别提到。这就是雷根斯堡城。毫无疑问：奥坦的奥

① 雷根斯堡是德国城市，Ratisbon 亦写做 Ratisburg。——中译者注

② 巴伐利亚是德国的一个州，现称拜恩(Bayern)州，其州府是慕尼黑。——中译者注

诺雷出自雷根斯堡。多贝伦茨提出这个结论，而恩德雷斯先生信心十足地接受它。

恩德雷斯无论如何不能对他自己隐瞒[1]，这个结论遭遇巨大的困难。在恩德雷斯先生视为可靠的文本即用来作为他的研究基
54 础的文本中，来自我们的雷根斯堡的**德国人**被称为奥坦教会的司铎和教导者。但是，对于这样一件小事，我们不需要放弃我们严格证明的结论。我们满足于提出这一说明："难道我们正在处理的不是一种中世纪的伪名吗？"（War es nicht denkbar... dass wir es also mit einer Art mittelaterlichen Pseudonymie zu tun haben?［不可想象的是……我们也要用中世纪伪名的方法来做吗？］）例如，一条注释告诉我们，雷根斯堡的这位奥诺雷的同时代人奥诺雷·康拉德·德伊尔绍（Honorius Conrad d'Hirschau），他恶作剧地乐于自称"奥坦的"（of Autun），在他的小册子签名"皮尔格里姆"（The Pilgrim）——Peregrinus。啊！但是，恩德雷斯博士先生，尽管他一无所为，却竟然称呼他自己是沙特尔（Chartres）教会或卡尔庞特拉斯（Carpentras）[2]教会的司铎和教导者。

在这里，我们有一个确实使人困窘的方法的例子，而德国历史学家不管最明晰和最清楚的文本，却用这种方法把一个人或一块领土侵吞到德国。

而且，他们时常不会为找到类似的托词陷入烦恼。当一个文本使他们感到不便时，他们便全部而简单地隐瞒它。在《辩论杂

① Endres, *op. laud.*, pp. 9-14.

② 沙特尔是法国一地名，卡尔庞特拉斯疑似法国一地名。——中译者注

志》的赞助下，卡米耶·朱利安先生在波尔多最近给出的关于真爱国主义和假爱国主义的精彩讨论中，引用了一个对文献这样断章取义的确实“绝妙的”案例。在许多段落，尤利乌斯·凯撒的《高卢战记》清楚地断定，高卢（Gaul）延伸到远至莱茵河（Rhine）。《高卢战记》最近的德文版把这些段落作为不足凭信的东西，全部而简单地隐瞒了。它们不可能是真的，由于像几何学一样严格的推理过程表明，阿尔萨斯和洛林始终属于德国。

现在，你察觉到使你反感的某些行为的理由吗？对于在四面八方激起的反对德国军队犯下暴行的抗议，德国大学一致地用一纸宣言予以对抗，它的推理过程能够概述如下：

> 我们，德国大学，是有十全十美的德行的。
>
> 因此，我们的教导是有十全十美的德行的。
>
> 由于情况如此，被这种教导培养的德国人是不能没有十全十美的德行的。 55
>
> 所以，他们没有制造你们用来申斥他们的恐怖。

于是，我们法国人回答：可是，此刻请看看被火烧的城市浓烟滚滚的废墟、被屠杀的妇女和儿童的尸体吧。宣言是时间的浪费。德国大学完全不会听取我们陈述。它们肯定，它们的三段论是结论性的。

如果你们想对我说，你们有一个直角三角形，其中斜边的平方不等于其他边的平方之和，那么我不会听取你们的话。你们无疑将对我大声叫喊：“可是，请查看它吧。”我只能把脸转过去。比你们的感官知觉或我的感官知觉更为确定的几何学能够使我确信，你们是错误的。对于你们的异议，我会像德国人对全世界良心的抗议那样装聋作哑。

我相信，我们在这里达到德国智力的根底。

在任何健全地构成的推理过程中，“原理是直觉到的；命题是导出的。”[les principles se sentient；les propositions se concluent]①公理在自身之内浓缩一切东西，这些东西是由智力的精妙使之敏锐的常识能够发现的有关真理的一切东西。演绎推理只是信心十足地把它从公理那里借来的财富分配给结论，没有把一丁点真理添加到这个宝库中。

德国人都是这样打转转，因为他是发狂的。他的理性是畸形的东西，在那里一种官能的过分发展抑制另一种官能。人们虽然
56 认为他具有容许他极其严格演绎的强有力的几何学心智，可是他却被剥夺了常识，剥夺了对真理提供直觉认识的智力的微妙性。因此，他颠倒人的认识的正常条件。鉴于他不能判断原理是真还是假，他坚持认为每一个公理都是公设，即是我们的意志假定为真的任意法令。于是，由于把真理与严格性混同起来，他把依据法则从这样的前提演绎出的每一个推论都认为是真的。

这就等于说，他认为每一个判断都确实为真，只要这些判断的真与他的利益或激情一致。事实上，他向他自己提出这样一个公理，即形式上严格的演绎能够从它推出所需要的命题，这就足够了。

① [Pascal，*Pensées*，Trotter Translation，Ⅳ，282 (p. 79).]

例如,在战争期间,残杀无攻击性的生灵的幻觉进入他的心智了吗？他宣布这个公设:有助于缩短战争持续时间的每一种做法都是人道的。于是,在铺开几个完全决定性的三段论后,他以人类恩人的安详良心抢劫、侵犯、掠夺、焚烧、施暴和破坏。

菲斯泰尔·德库朗热以惊人的聪颖辨认出这一点:“德国人在所有事情上都是实际的人。他想使他的学问服务于某一事业,具有一个目标,击中要害。”德国的科学,尤其是德国的历史学,十分经常地只不过是一个武库,德国人从中给他自己提供为他的行为辩护的合适原理。多亏他的学者、他的哲学家和他的历史学家殚精竭虑,德国人在犯下罪行时总是公理在握,从这个公理出发,连续不断的推理过程将向他证明,他是正确地行动的。在无赖中,这是最危险的。他们充满像二加二等于四一样确定的自信,毫无悔恨之心。

57 第四讲：秩序和明晰·结论

女士们和先生们：

德国人的心智强有力地是数学的，但是它唯一地是数学的。这种公式化的阐述，概括了我们关于在德国的推理科学、实验科学和历史科学的特征所说的一切。

如果德国人的智力的标志是这种排他的数学心智，那么由这种智力生产的作品如此经常显露的那种混沌的混乱、那种深沉的昏暗的根源是什么呢？最后，与几何学相比，什么是更清楚的东西，什么是被更严密地排列的东西呢？

请观察一下这个常去音乐会的人吧。他的耳朵是十分灵敏的和有经验的，并以惊人的精确性区分音高或音色的最细微的差别。它分辨最复杂精细的和弦。和声和旋律对它来说没有包含奥秘。音乐会结束，这个人准备离开。从头到尾，他因乐曲的复杂内容而娴熟地共鸣。现在，他小心翼翼地继续行进，稍微停顿一下，与人和物碰撞。但是，请不要惊讶。他是盲人。

58 以完全类似的样式，德国的科学在涉及来自数学心智的东西时，既不是昏暗的，也不是混乱的。德国代数学家维尔斯特拉斯、施瓦茨使令人钦佩的秩序进入他们的探究。在其中，他们过度地关心明晰。但是，离开演绎方法的合适领域，当德国人的理性漫游到唯有直觉心智才是有眼力的范围时,它就盲目地行走了。

于是,它实际上模仿盲人。在人们的通常渠道是利用视力指引他们自己的情况下,盲人求助于他们支配的仅有的感觉,即听觉和触觉。以这种样式,德国的科学被剥夺常识的眼光和直觉心智的眼光,在这种眼光也许是不可或缺的领域,德国的科学试图按照几何学方法行进。但是,这种方法不能给它以它所需要的眼光。

正如存在两种心智即直觉心智和数学心智一样,它们中的每一个都把对它来说是独特的东西贡献给科学的结构,以致没有这一个,另一个的工作永远不会是完备的;同样地,也存在两类秩序:数学的秩序和自然的[或 real(实在的);natural(自然的)]秩序。这些秩序中的每一个当被用于恰当的地方时,它是启发的源泉。但是,如果人们把自然秩序强加给归入数学心智的裁判权之下的材料时,就会立即陷入错误。倘若人们要求数学方法阐明从属于直觉心智的东西,人们依然会处于深沉的昏暗之中。

遵循数学方法意味着,永远提不出借助先前已经确立的命题不能证明的任何命题。

遵循自然方法意味着,把一个真理与影响本性类似的事物的另一些真理相互汇集在一起,把涉及不相似事物的判断分开。

在几何学本身之内,有时就必须考虑自然方法。事实上,在至
少不失去构成整个几何学方法的精密性时,对于同一组定理而言, 59
构想几种不同的排列是可能发生的。在这个例子中,直觉心智将启发数学家[géométré],这些配置中的哪一个是最自然的,从而是最佳的。这是一项基本的任务,而且往往被仅仅是数学家的数学家[géométré]完全忽略。受到笛卡儿和帕斯卡的鼓舞,《波尔罗亚

尔女隐修院的逻辑》已经非难这样的数学家。在它指责他具有的缺点中,有这样一个缺点:

> **请不要关注真正的自然秩序**。在这里,可以找到数学家[géométré]的最大短处。他们想象,除了第一个命题应该能够足以证明跟随的那些命题的方法以外,几乎不存在其他观察方法。因此,在对于真正的方法——这种方法始终存在于从最简单的和最普遍的事物起始的开端,以便下次推进到最复杂的和最特殊的事物——的法则没有烦恼的情况下,他们把一切事物混淆在一起,并以杂乱无章的方式处理线和面、三角形和正方形,以致用图形证明单一的线,造成毁损这门优美科学的无限数目的其他倒置。欧几里得的《原本》恰恰充满这种缺点。……①

使人不会感到惊讶的是,引起这种失败的在很大程度上应该

① *La Logique ou l'Art de penser*,Ⅳ Patie,Ch. Ⅸ,fifth fault.[译自迪昂的法文。James Dickoff and Patricia James 的译本(*The Art Thinking*,Indianapolis:Bobbs-Merrill,1964,pp. 331-332)给出段落如下:

> **不理会自然秩序**。不理会知识的自然秩序是几何学家的最大缺点。他想象,召唤他观察的唯一秩序是,使较早的命题能够用于证明后来的命题的秩序。几何学家处理一堆杂乱的线和面[sic]、三角形和正方形,以致用复杂的图形证明简单的线的特性,并引入损坏一门优美科学的众多发明。这样的程序不理会真正方法的法则,而这些法则始终告诉我们,由最简单的和最普遍的事物开始,以便继续前进到较复杂的和较特殊的事物。欧几里得常常不理会自然秩序。]

是德国数学家。但是，由于担心过于专门化，我们愿意在这里用几个例子表明，对代数精确性[rigueur]的排他的追求，往往导致莱茵河彼岸的数学家[géométrés]在所处理的问题中最绝对地轻视自然亲缘关系能够强加的秩序。但是，出于我们目前的意图，我们不得不进入太众多和太特殊的细节。①

当数学心智被剥夺直觉心智的帮助，并宣称它是自足的时候， 60
它就不仅不能按照自然秩序排列数学理论，而且也不能辨认在各种科学之间存在的亲缘关系。它忽略把数学和人类知识的其他部分联系起来的基本关联。

对于自然的研究，天文学或物理学，必然给数学家提出他们尝试解决的问题。而且，这些问题的解答应该如此引导，以服务于产生它的观察科学。纯粹数学家[géométrés]往往被引诱破坏他们选择的科学和其他科学之间的这种关联。以他们的深思应当是完全祛利的为借口，他们主张为问题本身而提问题：在最不关注把它们应用于无论任何事物而“仅仅为人的心智的荣誉”的情况下，他

① 例如，我们可以举一本在其他方面是出色的书作为例子，该书《晶体物理学论文》(*Traité de Physique cristalline*)是由沃尔德马·福格特教授撰写的。(Woldemar Voight，*Lehrbuch der Krystallphysik*，Leipzig and Berlin，1910.)

这部著作的整个结构严格地借助皮埃尔·居里不久前表达的思想安排。这个完全几何学的思想涉及各种对称，这些对称种类影响打算描述物理性质的数量。因此，在这部著作中，两个操作在相同类型的对称或不同种类的对称的基础上，相互结合或彼此单独地分开。纯粹数学秩序导致安排某些现象，物理学家的思想不断地把这些现象在相互十分远离的章节中关联起来。例如，介电体的极化和磁化被置于这部著作彼此相距很远的地方。无论如何，自艾皮努斯和库仑以来，对这两种性质的每一个的分析不能不重演对另一个的分析，而且关于一个性质的知识的所有进步都以十足的直接性推进关于另一个性质的知识。

们将接续解决它们。没有什么事情比以这样的样式行动更危险了。它不仅剥夺观察科学必需的探究手段，而没有这些科学它们便会落入实用主义的事实收集；而且，在把数学科学孤立起来时，它进一步使这些科学变得不结果实。证明是多产的、造成广泛的几何或代数理论的最多的问题，是由物理学家或天文学家提交给数学家的。在大量的案例中，观察科学并不满足于系统提出问题，而且也启发它的解决。没有这样的启发，若干重要的定理也许永远不会显露出来。例如[①]，如果达尼埃尔·伯努利的音乐家的耳朵在听见每一个复杂声音时无法识别简单的声音即构成它的和声，他到底会认为，能够把一切周期函数展开为相互倍数的正弦弧的级数吗。也许，在聋子的世界中，达朗伯、欧拉、拉格朗日这样的
61 人永远不会设想三角级数，从而从解析[l'Analyse]剥夺它的内容最广泛的理论之一，从天体力学和物理学剥夺它们的最有影响的助手之一。

因此，彭加勒正确地写道：

> 要想不唤起了解自然的欲望在数学发展上具有最持久和最幸运的影响，就必须完全忘却科学的历史。
>
> 首先，物理学家向我们提出问题，他期望我们解决它们。可是，在向我们提出问题时，物理学家在很大程度上预付服务：如果我们成功地解决它们，我们便给予他以服务。

① 1753年在 *mémoires de l'Académie de berlin* 中报道这一发现。

> 如果我们可以被容许继续与优秀的艺术家比较的话,那么没有注意外部世界的存在的纯粹数学家也许就像这样一个画家:他知道如何把色和形和谐地组合起来,但是他却缺乏模特儿。他的创造能力不久便会完全枯竭。①

当彭加勒使用这些语言时,那是依据他自己的经验的力量。天体力学和数学物理学为他提出大多数问题,他的解析天才在这些问题中为它的力量的运用和它的多产的证明找到这样不可思议的机会。

从笛卡儿到柯西,几乎所有最伟大的数学家[géométrés]同时也是伟大的理论物理学家。因此,他们一定不忽略这个真理:在各种科学中,存在自然秩序。借助这种秩序,数学探究从实在出发,为的是在实在中终结。

由于德国代数学家学派尤其没有抓住不能以终极的精确性解决的任何问题,它最不关注人的知识的自然秩序。在使数学变得更纯粹和更严格的托词下,这个学派使自己致力于从该[数学]科 62
学中清除一切可以回想起它们在力学或物理学中起源的东西。例如,夏尔·埃尔米特用他专门用于研究电和磁的熟悉程序,处理双

① Henri poincaré,*La Valeur de la Science*,pp. 147-148. [See Henri poincaré,*La Valeur de la Science* (Paris: Flammarion, n. d.), pp. 162-163;英译本(George Bruce Halsted),*The Value of Science* (New York:Dover,1958),pp. 79-80. 上面正文中的译文是本译者的译文。](中译者注:也可参见彭加勒:《科学的价值》,李醒民译,北京:商务印书馆,2007 年第 1 版,第 93 页。另外,此段英译文中有校对错误:将 desiccated 误排为 dessicated。

周期函数理论。维尔斯特拉斯想用一种形式给这个理论穿上外衣，在这种形式中，代数序列是完美的，但是与物理学方法的最少类似从这种形式中被消除了。

无疑地，这种对数学科学在人的知识整体中被赋予的地位的误解，对数学的损害正像对物理学的损害一样。前者在多产性方面有所丧失，后者在力量和明晰性方面有所丧失，从而严重地殃及整个科学的恰当性和可靠性。

到达这一点时，我们满意地断言，数学心智就其自身的资源而言，是不能建立自然秩序的，不管它是在单一的科学领域还是在各门科学之间。我们现在必须表明这种不可能性的理由。来自植物学的例子将阐明我们打算确立的原理。

为了使大量的植物具有秩序，林奈提出一个最容易使之各得其所的系统分类。你们数一数花的雄蕊数。按照你们是否找到一个、二个、三个、四个等等，这种开花植物就能够在严格划定的类别中得到它的位置。依案例而定，那种类别是**单一雄蕊花的**、**两雄蕊花的**、**三雄蕊花的**、**四雄蕊花的**等等。没有什么东西能够比这种具有完全算术简单性的分类方式更简洁的了。没有什么东西能够更多地冒犯植物的自然亲缘关系。实际上却发生这样的情况：在其他方面强烈类似的植物不具有相同数目的雄蕊，相同数目的雄蕊在完全不相似的花中出现。林奈把完全数学的秩序强加于植物王国，但是这种秩序无论如何不是自然秩序。

63 这一缺点触动了贝尔纳·德朱西厄。1758 年，路易十四让他承担建立特里亚农植物园的任务。在那里，德朱西厄不想按照林奈的人为秩序分组植物。他要求按照它们的自然类似排列它们。

他运用的法则被再次处理，并由他的侄子安托万·洛朗·德朱西厄加以完善，后者在1789年出版了《植物种类按照自然顺序的排列》(*Genera plantarum secundum ordines naturals disposita*)。[①] 在这本书中，植物学家首次发现了植物的自然分类。

居维叶说：《植物种类按照自然顺序的排列》"在观察科学中也许开辟了一个新纪元，就像拉瓦锡的化学在实验科学中开辟了新纪元一样重要"。

洛朗·德朱西厄拒绝"那些任意构造的体系，这些体系向我们提供的是人为的科学而不是自然的科学，呈现给我们的是预先宣告不适用的科学，而这种科学就植物给予我们的不是深刻的知识，而只不过是草率的定义和某种命名方式"。相似体系的创造不能不是暂定的工作，心智满足"直到这样的时刻，即重复的沉思将以追求更贴切的形式为目标，按照真正自然的序列排列植物之时"。[②]

那么，这种按照其真实的亲缘关系排列植物的秩序是如何被发现的呢？

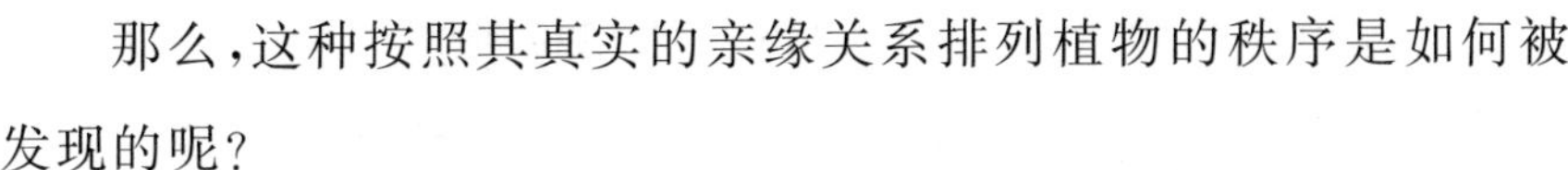

> 植物的特征并非全都具有同等的优势(praestantia inaequales)。它们按照它们生长的器官的显贵和这个器官的各种作用的重要性(momentum)有秩序地排列。那些特征是多变的或易变的；那些特征是比较稳定的；最

① Antonii Laurenttii de Jussieu...*Genera plantarum secundum ordines naturals disposita*, *juxta methodum in Hotto Regio Parisiensi exaratum*, *anno MDCCLXXIV*. Parisiis, apud Viduam Herissant et Theophilum Barrois, 1789.

② A. L. de Jussieu, *op. laud.*, Introduction in Historiam plantarum, p. xxxiv.

> 后,那些特征是完全不变的或是基本的需要,而未被不加选择地用在植物的比较中。应当把它们一致地用于这个秩序。[①]
>
> 64 不管怎样,把特征细分为三个纲的这个亚门并不足够。每一个纲容许众多决不是容易确定的级。如此做将是这样的植物学家卓越的任务:他兢兢业业地研究自然,专心致志地权衡所有特征的重要性,以便给它们中的每一个以它所隶属的不变的位置。——Optimus labor botanici naturam sectantis is erit, ut caracterum omniummomenta perpendat, suum singulis locum daturus immutabilem. (极为辛勤地研究自然,专心致志地权衡所有特征的重要性,以便给它们中的每一个以不变的位置。)[②]

为了得到自然分类,仿照林奈的样式任意地选择一个能够用算术语言表达、简单地在计数基础上操作的特征是不够的。必须选取所有特征并**权衡**它们,以便了解哪一个履行最重要的**组分**,哪一个在“亲缘关系的天平”(affinitatum trutina)上产生较小的力。[③] 不可能更清楚地陈述,自然分类的确立超越[passe]数学心智的能力,唯有直觉心智能够尝试它。

事实上,重要性的程度有时较少、有时较多地不是数学心智能够构想的概念之一。

---

① A. L. de Jussieu, *loc. cit.*, p. xix.

② A. L. de Jussieu, *loc. cit.*, p. xxxix.

③ A. L. de Jussieu, *loc. cit.*, p. xxxvii.

几年前，在为我指定的不知道什么类别的一项研究计划建议，几何学教授仅仅证明最重要的定理。这在数学家中间引起太多的狂欢。在一个链条中，没有环节或多或少比任何其他环节重要。不管大的还是小的环节，当一个环节咔嚓一声断裂时，整个链条也被损坏了。这个研究计划的作者鲁莽地把在直觉领域为真的东西扩展到数学领域。

一个对象给予的特征是基本的标志或必要的个性吗？两个存在物之间给予的相像是真实的和深刻的类似，还是实际上表观的和表面的相似？一个给予的学说应该被认为是处于支配地位还是从属地位？这些都是能够被直觉到，但却不能加以推导的事情。

于是，唯有直觉心智能够给科学以自然秩序，因为唯有它能够 65
决定各种真理的重要程度。倘若它希望以充分的视野安置基本命题的话，这种决定就是必需的，而借助于这些命题，理解力将辨认不怎么重要的命题的功能，并发现把它们相互结合在一起的类似。这些次要命题将被主要命题闪耀的光辉的反射而照亮。最后，半影将遮盖细节，尽管它们可能是无意义的。

德国人的数学心智不能设想，我们所谓的无意义的细节意指什么。

一位年青的德国博士来到巴斯德实验室，他说，为的是逐渐熟悉法国的微生物学。他是科赫的学生。在科赫"研究所"，微生物是在马铃薯切片上培养的。这样的做法不是乌尔姆街(the Rue d'Ulm)的习惯。无疑地，为了更彻底地熟悉后者实验室的程序，我们的德国人坚持，他只会做在前者实验室做过的事情。某人对他说："那不是问题。像你喜欢的那样培养你的芽孢杆菌。这里有一些马铃薯。”“可是，削它们皮的小刀在哪儿？”“请取你碰见的第一个小刀，要是你没有找到任何小刀，请在市场花十三苏[①]买一个随身携带的折刀。”“在柏林，我有一把削马铃薯皮的专用小刀。”而且，我们的博士从科赫实验室收到那把专供削马铃薯皮的工具之前，他不会开始他的探究。以这样的样式，这把小刀作为科学方法的一部分进入序列。

由于不能把具有首要重要性的东西与是无意义的细节的东西区别开来，这位德国人从演绎法没有严格指定所遵循的秩序的时刻起，将不知道他应该如何理顺一项工作。他将不注意由轮廓鲜明而突出基本观念的技艺，以及一点一滴使与射向价值不大的思想上的光线成比例地变柔和的技艺。鉴于剥夺了可以容许他权衡
66 类似和差异的直觉心智，他不能以自然的方式分类他处理的对象。在缺乏自然分类时，他定要为他的工作探索某种数学秩序；而且，这种秩序越刻板，其中的二分法越常见和对照越突出，其中存在精妙到无限的剖分越细致，这位作者便会在更大的程度上表态满意它。但是，因为这个系统的秩序不是从存在物的本性本身抽取出来的，而宁可说是通过审查某种次要的个性最频繁地强制规定的，对读者的心智而言它不会成为厘清事物的向导。更为可能的是，它强加的方便，它宣布的与具有最显著亲缘关系的注意对象的分离，会提供混乱的根源。在与直觉心智有关的问题中，它的数学风格的刚性把智慧的外观给予它。但是，它只是墨守成规。

---

① 苏(sous)为旧时法国的一种铜币。它也是今日法国一种辅币，合 5 生丁(centime)。——中译者注

进而，尽管该程序尽可能地详细，但是这种秩序也不会穿透它指望描述的科学的最终细节。虽然题名——它基于这些题名献出它的强加的框架和亚门——可以归并，可是还必须把每一事物引进这些最终的要素。于是，由于被剥夺直觉心智而听任数学心智摆布，这位作者绝对无法摆脱地把自己淹没在可以想象的大言不惭的胡说之中。

为了发觉宣判德国人具有这种引起怜悯因素的引人注目的类型，为了帮助他脱离除了人为的数学秩序之外没有别的援助的境况，随便打开德国人的专题论著，几乎就足以满足需要。我只想举一个例子。卡米耶·圣-桑最近在里夏德·瓦格纳[①]的著作中，偶然遇见这个例子。它是旋律的定义。

> 旋律是对不确定地调节富有诗意的思想的补偿，而富有诗意的思想则是由激情的最高自由的意识引起的。它是非自愿的自愿的和已经实现的、无意识的意识的和已经宣告的、被一种非决定内容证明为正当的必然性，而这种非决定内容则是考虑到不确定地扩展的内容的充分 67
> 确定的外置，由它的最远离的分支浓缩的。[②]

瓦格纳有一天对弗雷德里克·维约说：“当我重读我以前的理论著作时，我不能理解它们。”

---

① 里夏德·瓦格纳(Richard Wagner，1813～1883)是19世纪后期德国主要作曲家，音乐戏剧家。——中译者注

② C. Saint-Saens，*Germanophilie* (L'Écho de Paris；11janvier，1915).

当德国人不再理解他自己，他确信他最后到达形而上学的绝顶。他没有领会伏尔泰的反讽。

我们结束对德国的科学的这种分析。我们发现它在数学心智的过度发展中，在直觉心智甚至简单常识的不当处理中的深刻缺陷。这些缺陷妨碍德国人生产他的巨大劳动应得的出色成果。

毋庸置疑，在跟随这种分析时，你们十分经常地想到，这种传染病已经蔓延到我们国境的这边。哎呀，这实在太真切了！这样一来，在很长一段时间，忘记其光荣传统的法国的科学使自己奴隶般地复制德国的科学。在德国精神的这种渗透中，在我们国家天才的慢性中毒中，我们在此时既不想追溯历史，也不想探索原因或污辱内疚的作者。我们希望阻止我们自己在过去的事情上的一切反诘。我们没有向后看的欲望；我们向前看。

亲爱的同学们，亲爱的法国年青人，你们正准备使你们自己以宝贵的鲜血为代价，把其他国家从你们国家窃取的领土回归原主。当你们将要完成这个光荣的重任时，依然还有另外的义务要求你们履行。那就是用你们的工作使祖国恢复[render]它的灵魂的充实和纯洁。因此，让我们一起寻求，你们将如何完成这个任务。让我们审查，你们将如何保护你们的理性免遭德国人的毒害。

你们将来要不理德国的科学？这是人们常常从不具有权威性的嗓音中听到的劝告。不可以听从这样的劝告。而且，如果听从它，那也许是十分不幸的！

68 德国的实验科学和德国人的博学累积成材料之山。在建立真理的圣殿中，不利用它们恐怕是神经错乱的。当然，这些材料，这些观察资料，这些文本，不应当不加批判地接受。重要的是，要通过严格的审查弄清楚,具有预想观念的过多先入之见未引入欺诈,德国高于一切的公理没有篡改和伪造它们。但是,谨慎小心并不是退避三舍。为了改造法国的科学,你们将要大量地利用德国的科学积累起来的文献珍宝。像希伯来人当时离开他们受奴役的土地那样,你们将带走埃及人的金瓶。

你们也不要保护你们的心智而避开来自德国的每一个影响,因为在这样的影响能够诱致你们的刺激因素中,存在某种优秀的东西。

在德国人中间,缺乏健全的感觉和直觉心智是十分共同的。可是,对这一普遍法则来说,也有许多十分幸运的例外。有这样的德国**学者**,他们的完美地平衡的天才知道,如何分配给每一种官能以其应有的地位,而且反过来利用常识的直觉和数学心智的演绎。例如,我们针对德国的科学而发的斥责,哪一个能适用于克劳修斯和亥姆霍兹呢?在莱茵河彼岸的大师中有一个学派,你们能够寄予它以十足的信任。你们的智力只是从它获益。

还有更多的话要说。在许多德国人的工作中,过量的数学心智完全抹去直觉心智的任何痕迹,然而研究它对你们是十分有益的。从这种数学心智中,你们能够如此大量地、如此缓慢地借用两种在我们身上常常过于缺乏的极其宝贵的品质。

我们心智(mind)[espirit]的活泼乐于为富有魅力的想象的考虑让路。我们喜爱奔向、飞向任何辉煌的和遥远的目标,而不一定注意观察位于道路侧面的悬崖。在实证科学领域像在历史学领域 69
一样,在我们看来实在往往不如虚构漂亮。德国人的数学心智会教导我们对严格性有耐心。它会教给我们对于我们没有证据的东西一点也不要提出的艺术。无论何时在菲斯泰尔·德库朗热面前提出某个历史判断,这位大师都会询问:“你有支持它的文本吗?”有时,学生被这个在先的疑问反复发生的持久规律性逗乐了。借助这种途径,伟大的法国历史学家使他们恢复到在德国人的数学心智的要求中是合理的那个要求。

数学心智(mind)[espirit]不只是谨慎的心智。它也是有秩序的[de suite]和坚忍的心智。德国的科学可以教导你们的,不是像蝴蝶从一朵花轻快地飞向另一朵花那样,从一个观念轻快地飞向另一个观念,而是像吃苦耐劳的蜜蜂一样,不放弃一个思路,直到你们从思想的蜜腺汲取所有使蜜蜂鼓胀的所有花蜜为止。

于是,你们不会从德国人的影响中逃避。你们可能乐意接受它能够给予你们的一切有益的推动。但是从那时起,你们将需要不落入过分的工具,因为它会有拖曳你们陷于过分的危险。谁将为你们提供这种工具呢?

凭借相反的和竞争的影响——英国人的思想的影响——会给你们提供这种工具吗?

没有比英国人的思想与德国人的思想更针锋相对的了。在英国人的思想中,不会要求把判断相互联结起来的严格推理,不会追求系统的人为秩序;一句话,没有数学心智(mind)[espirit],但是却具有一种异常的能力:清楚而独特地看见大量具体的实物,始终容许它们中的每一个在复杂而变化的实在中拥有它自己的位置。英国人的科学都是直觉,绝不是极度演绎的。因此,似乎没有什么东西比英国思想的影响可以更彻底地抗衡德国思想的过大影响了。

70 不过,请你们警惕。赞赏英国天才,而不模仿它。为了在探索真理中以英国人的样式行进，你们需要英国人的心智（mind）[espirit]。你们必须具备那种同时想象诸多具体事物，而未感到需要排列它们或分类它们的异乎寻常的官能。可是，对于法国人来说，赋予这种官能的人却如凤毛麟角。相反地，他具有构想抽象观念的习性，倾向于分析它们，使它们有秩序，这正是英国人身上缺乏的东西。而且，在征服真理时，法国人的工作和英国人的工作每一个都站在他自己一边，依照适合于每一个的样式。他们双方都会得到奇异的结果，但是允许一个不被引诱模仿另一个的行动，因为那只会坏事。听任鱼游水，由于它有游鳍；听任鸟飞翔，由于它有飞翼。不过，请不要劝告鸟儿游水或鱼儿飞翔。我们把令人称赏的发现归功于英国物理学。但是，复制那种科学的神经错乱的要求，却改变了法国人建构的十分和谐和十分逻辑化的理论物理学，而堕入一大堆令人憎恶的和杂乱无章的无逻辑性和胡说八道之中。就这些讲演而言，仅仅允许这一断言足矣。不要索要证据，因为对过去的所有求助都被从它们之中排除出去。

此时，你们会发觉你们自己使一切同时受到德国人和英国人的影响，易于从他们中的每一个接纳他们可以施加的无论什么有益的印记，但却决意不让你们自己被二者之中任何一个诱入深渊，你们的法国天才可能就是在那里跌落的。

在墨西拿海峡航行是可能的，但是必须要有目光锐利的和膂力强大的舵手掌握舵柄，他监视向锡拉岩礁或卡律布狄大旋涡[①]

① 墨西拿（Messina）海峡在意大利西西里岛海岸外。在这个海峡上，有锡拉（Scylla）岩礁，其对面有卡律布狄（Charybdis）大旋涡。——中译者注

的每一次倾侧。人们能够同时取得毒药及其解毒剂，但是剂量必须十分严格平衡。此时，你们从哪里寻找完善的原理和判断的平衡，可以确保你们的智力免遭德国人的危害以及不列颠人的危害呢？你们可以在学习这样的人物中找到它：这些人以完全正直的
71 样式调整他们的理性，他们不容许他们的理性向任何过量倾斜。你们在学习科学的经典作家时将会发现它。

刻不容缓，把形成你们思想的烦恼交给是我们的先驱和我们的大师的那些人吧。数学家、工程师和天文学家，请阅读牛顿和惠更斯、达朗伯、欧拉、克莱罗、拉格朗日和拉普拉斯。物理学家，请攻读帕斯卡、牛顿、泊松、安培、萨迪·卡诺和傅科。化学家，请学习拉瓦锡、盖-吕萨克、贝采利乌斯、J.-B. 杜马、伍尔茨、圣克莱尔·德维勒。生理学家，请深思克洛德·贝尔纳和巴斯德。历史学家，请把菲斯泰尔·德库朗热作为你们的典范。请用下述著作培育你们的心智：在这些著作中，作者能够在直觉心智和数学心智之间做出恰当的区分，明察秋毫的直觉能够觉察最终达到推论的原理和严格的演绎。

可是，也许你们会说，自从这些伟大的人物写作的时候起，科学已经发生了翻天覆地的变化。是的，科学发生了日新月异的变化，然而不是研究科学的方式如此变化，至少不是恰当地研究科学的方式如此变化。不要相信那些老生常谈的人："我们与我们的祖先截然不同地思考，而且比他们更正确地思考。"在每一个时期，人们都会碰到那些傲慢放肆的人，这样的人断言，在他们之前人的智力处在它的幼稚阶段，它只是由于他们才摆脱愚昧走向成熟。这是一种方便的信条：对于那些懒惰的人来说，它使他们省却学习过

去的著作;或者,对于不知天高地厚的人来说,它认可他们把旧观念作为新颖的东西发布。然而,稍微一瞥科学史,即可看到它是一种就会倒塌的信条。从柏拉图到我们的时代,人的理性为了探求真理所配置的官能依然是相同的。而且,如果我们的心智一点一滴地把研究这种或那种对象的技艺引向完美,那么它是以极其缓慢的步伐和难以觉察的进步达到的。

例如,可以对你们说,在生物科学中,真正的方法仅仅始于昨 72
日。不管怎样,选取一篇生理学学术论文;在这篇论文中,迪耶普的让·佩凯在 1651 年根据他的活体解剖和周密进行的实验提出淋巴循环定律,并证实不久前解剖向威廉·哈维揭示的血液循环定律。[①] 接着这篇短论提出的,是克洛德·贝尔纳精心完成的工作之一。这两篇论著在你们看来好像相互是同时代的。在把贝尔纳和佩凯隔开的两个世纪,生理学知识日新月异地发展;可是,在生理学中推理的技艺并没有彻底改变。

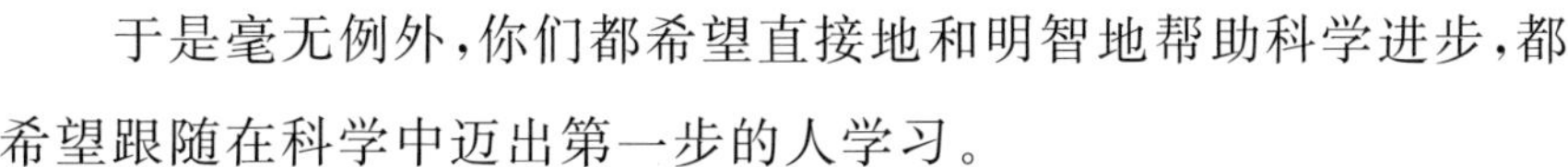

于是毫无例外,你们都希望直接地和明智地帮助科学进步,都希望跟随在科学中迈出第一步的人学习。

我对你们说过:“请读科学经典著作。”我没有对你们说:“请读法国人的经典著作。”事实上,绝非我想把所创作的、作为范例应该为你们服务的著作之光荣限定于我们国家。

确实,以完全恰当的方式进行他们的推理、在他们的多种多样

① Joannis Pecqueti Diepaei, *Experimenta nova anatomica, quibus incognitum hactenus chili recepculum, et ab eo per thoracem in ramos usque sub clavios vasa lacteal deteguntur. Ejusdem Dissertatio anatomica de Circulatione sanguinis, et chyli motu.* Hardervici, apud Joannem Tollium. Juxta exemplar Parasiis impressum Anno MDCLI.

的能力之间维持最严密平衡的人，在我们中间比在地球上任何其他土地都要为数众多。外国人也乐意赞同这一点。他们高兴地引证正直和平衡作为法国人心智的标志。但是，对于人的智力的健全而言，上帝的意欲是，一个国家不应该拥有这些品质的排他特权。上帝的意欲是，每一个人都应该能够以合法的自尊在他们身上发现某些才华，在他们身上直觉和演绎应该同等充足地发展，并保持和谐的比例。

此外，有一个时期，所有学者借助相似的训练塑造，把相同模式作为目标，通过古代天才装备他们。因之，这些人创作出杰作，这些杰作既不是法国人的，也不是意大利人的，亦不是英国人的，
73 同样不是德国人的，而只不过是人类的。因而，我对你们寄予希望的这些心智品质，你们会在诸如笛卡儿或帕斯卡这样的法国人身上遇见的这些最高级的心智品质，你们会再次在像伽利略或托里拆利这样的意大利人、像牛顿这样英国人、像惠更斯这样的荷兰人、像莱布尼兹这样的德国人以及像欧拉这样的俄国人[sic]身上找到。而且，如果我要引用明晰、卓识、秩序和适度的完美例子，我能够在数学家和物理学家、德国人卡尔·弗里德里希·高斯那里发现它，他的座右铭是：少，但却完美。

因此，请读经典作家，请读所有的经典作家。它们将使你们恢复这样两种品质——明晰和卓识，这长期是法国人心智的标志，唉，我们却完全抛弃了它们。

明晰！在我年青时，我多么经常地听见人们取笑它呀！在被德国人的威望蒙蔽双眼的大师的影响下，我们开始心理失常，把晦涩含糊与深刻混淆起来。我们拿布瓦洛的诗句开玩笑：

是精心构思的东西,显然是能够表达清晰的。

人们要求就含糊的(obscure)事物晦涩地(obscurely)讲的权利。不!一千倍不!除了阐明它,没有权利谈及模糊的事物。如果你们的冗词赘句的唯一效果必定进一步混淆事物,那么请闭嘴!

法国学生们,谨防那些使你们习惯于混乱思考[dans la nuit]的人。由于总是在黑暗中猎食,猫头鹰最终在大白天无法看见。由于在德国人的迷雾中持续不断地思索,一些人变得不能理解哪一个是清晰的。帕斯卡说:“真理使我们太惊讶了。我知道,一些人不能理解四减四得零。”[①]逃避这些智力的猫头鹰,因为他们可能希望你们变得像他们那样眩惑。使你们的眼睛习惯于直视真理的光辉吧。在一切情况下,我恳求你们成为明晰性的毫不妥协的捍卫者。当你们碰到这些满足于生活在迷惑和混乱之中的哲学家或物理学家之一时,不容许他自称思想深刻。摘除掩盖他的无知和心智呆滞怠惰的面具。仅仅对他说:“我的朋友,如果你没有成功地使我们理解你正在谈论什么,那是因为你自己根本不理 74
解它。”

成为明晰性的捍卫者吧。使你们本人和你们周围的那些人成为卓识的捍卫者吧。

虽然你们可能十分频繁地听见诋毁卓识,可是你们也许会被引诱,过于心甘情愿地倾听这样的诽谤。

你们可能听到,据说卓识是独创性的敌人。发发慈悲吧,请不

① Pascal, *Pensées*, art. 1. [Translator's rendering].

要把“独创性”这个好听词汇用于那种荒谬、古怪和放肆的话语中。

在巴黎，我曾经全年居住在一个狭小的顶楼房间里。从我的窗户望去，越过许多烟囱，能够看见圣雅克·迪·奥-帕斯塔和一株大树的树梢，马勒伯朗士①在它们的阴凉处苦思冥想。

在下面贴近的楼层，住着生活舒适的中产阶级家庭。这家有一个个子矮小的人，约莫六十五岁，灰白头发，爱整洁；在先前某一时期，半身不遂疾病的侵袭使他拖着脚走步，他的手相当笨拙，他喜怒无常，有时显得急躁。他的模范伴侣处处牵挂他，永久为他奉献。作为她的始终不渝地全神贯注的事情，她甚至必须料理丈夫最轻微关切的事情，因为上帝把这位丈夫托付给她了。不可能想象一种更单纯或更完整的人生了，或者不可能想象更符合每一个他人需要的人了，或者不可能想象至少像每一个他人应当成为的那样的人了。然而，当他们外出时，总是在一起，过路人停止脚步，察看这位老人蹒跚的步态。接着，当他从旁边通过时，你能够听见他们相敬如宾的细声低语：“巴斯德！”事实上，正是这位科学家[savant]，正好以发现预防狂犬病的疫苗，圆满地完成了他的光荣的生涯。

没有一个人比巴斯德更寻常的了。你们能够拒绝接受他独创的东西吗？

有人进而可能说：卓识作为主人在那里统治，那里就不再有诗意！可是，在你们二十岁时，什么指控对你们的心灵而言看来是更

① 马勒伯朗士(Niicolas Malebbranche，1638～1715)是法国天主教士、神学家和笛卡儿主义的主要哲学家，他试图把笛卡儿主义同奥古斯丁的思想以及柏拉图主义综合在一起。——中译者注

严重的呢?

让我的记忆在你们面前再次流淌吧。 75

不久以前,在普罗旺斯,我愉快地前往一位年高德劭的邻人家回访。在相间成排的大柏树的阴影的遮蔽下,一条不长的小径沿着蔷薇覆盖的荒地(roubines)向前延伸;在一排排柏树的间隔之间,人们能够远远地望见圣雷米的酷似斯芬克斯的岩石,呈现出优美的锯齿状的阿尔皮勒山(Alpilles);小径把我引领到这位优雅的老人的门口。他的谈话对我来说是真正的盛宴。在以简朴雅致和认真持重的形象点缀的悦耳语言中,他向我谈起乡村的事情和乡下人。他总是断定他们具有最大的善意,但是也具有最机灵的洞察力。在他年轻时,他就构想出一个重大的规划——恰恰不是模糊的梦想,而是以成熟的考虑审查的计划,他以同样多的能力和坚持不懈追求该计划的实施。在他身上,我为法国人的卓识的完美,为直觉心智已实现的榜样而欢呼。

然而,从青年时代起,他就致力于诗歌。现在,他的头一批诗句就引出拉马丁[①]的这一呐喊:“我今天打算告诉你们一点好消息:伟大的史诗面对我们诞生了!”[②]对于我的乡村老邻居而言,米雷耶和埃斯特雷尔、内特和安格洛雷的歌手是如此明断和如此机灵。他是普罗旺斯的诗人,他的声音从旺图尔到卡尼古都使奥依

① 拉马丁(Alphonse de Lamartine,1790～1869)是法国最早的浪漫主义诗人。他以对自然的亲切感受和诚挚的情感,使法国诗歌从日薄西山的古典主义的抽象僵化中解脱出来。——中译者注

② Lamartine,*Cours familier de Ltitérature*,Entretien XL,t. Ⅶ. Paris,1859.

语[1]方言的回响发生共鸣。他是弗雷德里克·米斯特拉尔[2]。

从我首次熟悉弗雷德里克·米斯特拉尔那天起，我就理解了贺拉斯[3]的话语：

> 正确的思想是写作的开始和源泉。（Scribendi recte sapere est et principium et fons.）

伟大的诗篇、不朽的诗篇的本原和源泉是卓识。

要接受来自外国人影响、来自英国人以及德国人影响的所有有益的推动，但是同时使你们自己警惕一切有害的诱惑；你们应该
76 以深切的敬重，在这种卓识和这种明晰的持续实践中坚持你们的理性，须知卓识和明晰对我们来说是传统的内容。你们的卓识会被用来以高度的精确性识别每一事物的真伪。而且，当你们以全部的坦率、极度的忠诚、充分的明晰将要进行这种辨别时，你们一定会对真理说：是，你们是；对虚假说：否，你们不是。你们的话是：是，就是是；不是就是不是。（Sit lingua vestra：Est，est；non，non.）神圣的大师讲过它。正是这样，你们必须思考，你们必须讲

---

① 奥依语（Langue d'oc）是中世纪法国南部方言，为现代普罗旺斯语的前身。——中译者注

② 弗雷德里克·米斯特拉尔（Frédéric Mistral，1830～1914）是法国诗人、19 世纪普罗旺斯语言和文艺复兴的领导者，1904 年获诺贝尔文学奖。作品有诗集《弥洛依》、《卡朗多》、《内尔托》、《罗讷河之诗》、《黄金岛》、《橄榄林丛》以及其他剧本、小说和回忆录等。——中译者注

③ 贺拉斯（Horace，公元前 65～前 8）是罗马杰出诗人。较早的作品有《讽刺诗集》、《长短句集》，而对西方文学发生重大影响的主要是他的《歌集》和《书札》。——中译者注

话,倘若你们想使你们的思想和你们的言语代表基督教徒的话。但是,在内部和外部一样,当你们的言辞符合这个准则时,它将是坦诚的[il sera franc]:那就是说,你们在法国[en Francais]愿意思考,你们在法国愿意讲话。

对德国的科学的若干反思

"Quelques réflexions sur la science allemande", *Revue des deux mondes*, 1st February 1915.

79

一

以前，我们试图摹写铭刻在英国理论物理学上十分特殊和突出的特征的印记。今天，我想以类似的方式尝试揭示在德国制造的数学或物理学学说的标志。

这样的尝试必须警惕宣称达到任何严格的结论。就它的实质理解，考虑到它的完善形式，科学应当绝对地是非个人的。由于科学中的发现不可能带有它的作者的签名，在任何程度上也不会容许人们说，在什么国土这个发现看见破晓。

可是，在没有从汇合在一起揭示真理的各种方法中相当严密地拣选的情况下，不能得到科学的这种完美形式[ne raurait (sic) être obtenu]。当人的理性希望知道得更多更好时，它发挥作用的许多官能中的每一个都将需要扮演它的角色，而没有遗漏任何一个，没有加重任何一个的负担。

在任何一个人身上，我们都没有遇见在诸多理性器官之间的这种完美的平衡。在我们每一个人中，一种官能比较强健，而另一种官能则比较虚弱。在真理的征服中，较虚弱的官能不会做出像它应该做出的那么多的贡献，而较强健的官能则会承受比它分担的份额还要多的份额。用这种蹩脚地分摊的工作产生的科学，不可能显示它的理想范例的和谐比例。由于该官能，某些部分的发展招致其他部分过分地成长。正是仅仅在这些畸形中，我们能够辨认它的作者的心智特征。

也正是这些畸形，常常能够容许我们正确叫出产生特定理论的国家的名字。

每一个人的身体由于这个器官的过大比例,由于那个器官缩小的比例,都偏离人的身体的理想类型。使我们把一个人与另一个人区别开来的这些和缓的畸态的种类,也是在身体上表明各个国家国民的特性的种类:一种过大的或被抑制的发展尤其频繁地 80
出现在特定的民族中。

就身体所说的东西能够针对心智(mind)[espirit]加以重复。说一个民族具有它自己的独特的心智(mind)[espirit],就是说在形成这个民族的那些人的理性中,某一官能十分经常地比符合要求的得以更多地发展,而另外某一官能却没有它的完好幅度和它的全部力量。

从这两个结论中立即可以得出:

首先,对一个民族的智力形式的判断将经常容许证实,但是它们从来不是普遍适用的。所有英国人并非都是英国类型的人。有较多的理由说,英国人构想的理论不可能显示英国人的科学的所有特征。在它们之中,人们会遇见那些完全可以认为是法国人工作或德国人工作的东西。作为回报,在法国人中间,也能发觉以英国人的模式思维的智力。

其次,如果一个作者的国家特征在他的创造或发展的理论中被察觉到了,那是由于这种特征形成了这些理论因之与它们的完善类型背离的东西。正是由于它的缺点,而且仅仅由于它的缺点,科学才与它的理想拉开距离,变成这个国家或那个国家的科学。于是,人们能够预料,对每一个国家来说固有的那些天才标志,会在二流工作中、在平庸的思想者的产物中特别突出。伟大的大师

十分经常地具有这样的理性：在其中所有官能如此和谐地按比例分配，以至他们的非常完美的理论免除了每一种个人的甚至国家的特征。在牛顿身上没有英国人心智（mind）[espirit]的痕迹，在高斯或亥姆霍兹的工作中没有德国人心智的痕迹。在这样的工作中，人们不再能够推测这个国家或那个国家的天才，而只是人类的天才。

81 ## 二

当我们声称要就科学方法讲演时，我们总是必须引用帕斯卡所说的话："原理是直觉到的，命题是推导出的。"[①]在每一门采取我们可以称之为合理性的形式的科学中，或者还可以讲得更确切一些，在每一门采取我们可以称之为数学形式的科学中，我们实际上必须区分两种策略：采用[conquiert]原理的策略和得出[parvient]推论的策略。

从原理开始以推论终结的方法是演绎法，它遵循最严格的精确性。

导致原理形成的方法复杂得多，更为难以定义。

它是纯粹数学科学的问题吗？公共经验（common experience）是归纳从中提取公理的材料。演绎会引出这样的普适命题包含的全部真理。现在，公理的选择是一个极其微妙的操作。公理必须足以为我们希望从它们推断的所有科学命题辩护。推理的链条必

① [Blaise Pascal, *Pensées*, (Trotter Translation), Ⅳ, 282, (p. 79).]

须不突然使它的连续性中断，不突然使它的严格性遭殃，因为对它的进步来说所必需的原理依然潜藏在经验的资料中，还没有清晰地加以阐明。同样必需的是，不存在太多的原理，一个公理的简单推论本身不作为一个公理给出。如果我们追踪一下从欧几里得的《原本》到希尔伯特的工作的几何学公理的历史，那么我们可以看见，数学科学原理的选择是一项多么细致、多么复杂的任务。

更复杂的还是假设的选择，与经验科学有关的学说、力学或物理学理论的整个大厦，就建立在假设之上。

在这里，应该提供原理的素材，不再是每一个从他离开婴儿时
期起的人可以自发得到的公共经验。它是科学实验（scientific 82
experiment）[expérience]。对于数学科学来说，公共经验提供了自主的、严格的、确定的资料。科学实验的资料仅仅是近似的。仪器的不断改善[perfectionnement]日益修正它们，而幸运的发现机会每天都随某些新事实而逐渐扩充财富。最后，系统阐明物理学或化学中的实验结果的命题，在它们本身中远非是自主地或直接地可以理解的，只有在所接受的理论为它们提供翻译时才有意义。

从感觉资料处于纠缠状态的这种难解之网中，物理学家必须抽取他的原理。在这种情况下，帮助他的是或多或少复杂的仪器，是易于受到怀疑的可以改变的理论提供的解释，有时是他打算改变的理论本身。在审查这些混乱的混合物时，他应当推测普遍的命题，借助这些命题演绎会行进到与事实一致的推论。

在演绎方法中，对这项任务的完成来说，他能够发现恰恰是过于刻板的和不是足够透彻的帮助。他需要比这种方法更容易适应的和更精妙的方法。因此，与数学家相比，物理学家为了选择他的

公理，会更多地需要不同于数学心智［espirit géométrique］的官能。他将不得不诉诸直觉心智［espirit de finesse］。

三

直觉心智和数学心智并不是以相同的步调行进的。

数学心智的进展服从硬性的法则，这些法则从另外的来源强加于它。数学心智一个接一个地展开的每一个命题，都预先按照
83 必要的法则标明它的位置。的确，要躲避这一法则，到任何时候都几乎不可能；对于这种心智来说，忽略演绎法要求的某些中间环节，通过跳跃从一个判断行进到另一个判断，就失去完全在于它的严格性的力量。只要我们想定义三段论相互接续的秩序，连贯(enchaînment)一词就来到我们的嘴唇。事实上，把这样的推理联结在一起的链条不容许自由。

如果数学心智把它的演绎的全部力量归因于它的进路的严格性，那么直觉心智的洞察力完全归属于它运动的自发的易适应性。没有不可改变的原理决定它的自由努力将遵循的路线。在一个时刻我们看到，它以大胆跳跃跨越把两个命题分隔开来的深渊。在另一时刻，它则使自己易于陷进或迂回潜入阻碍真理进路的许多障碍之中。它并不是无秩序地行进的，它遵守它为它本身规定的秩序。它按照环境和场合不停地以这样的样式修正秩序，以至于没有精确的定义能够牵制它的蜿蜒曲折和不可预见的跳跃。

数学心智的进展，使人想起通过检阅场行进的军队。各种军团以无懈可击的规则性排列成行。每一个人都占据按照严整秩序

分配给他的精确位置。在那里,他感到被铁的纪律约束着。

直觉心智的推进,使人恰当地想起受命向艰难的阵地突击的神枪手。在一个时刻,他突然跳将起来。在另一个时刻,当他通过山坡布满的障碍物爬行时,他隐秘地匍匐前进。在这里,每一个战士也遵守秩序。但是,除了占领阵地的目的之外,并没有详细说明秩序的组分。每一个突击者对于如何完成这个目标所做的自由解释,倾向于把对每一个人来说似乎是最有利于具体指定目标的各种行动协调起来。

直觉心智运动和数学心智运动之间的这种比较,难道不容许 84
我们马上预言德国的科学的特有的、尤其是会把它与法国的科学区别开来的特征吗?毋庸置疑,对于大多数培育科学的法国人来说,科学能够以直觉心智的过度应用为标志。由于不满足于在科学上发挥的作用,对数学心智缓慢的笨重性感到急躁,直觉心智有时侵犯数学心智的特权。我们也必须注意,德国的科学往往在直觉心智方面欠缺,而把不是其合法所有权的东西给予数学心智。

让我们一瞥确立德国的科学声望的某些工作,看看在这里数学心智相对于直觉心智占优势是否不容易辨认。

四

数学心智还可以恰当地称之为代数心智。事实上,没有这样的科学领域,在其中演绎法比在给予算术的这种广泛普遍化以代数或解析名称中起更大的作用。它所依赖的公理存在于数量非常少的、关于整数及其加法的十分简单的命题之中。为了使它们摆脱最为公共的经验的约束,直觉心智不必做任何巨大的努力。从这些公理出发,通过遵循可以设想的最严格的三段论,便能够引出组成代数科学的不计其数的真理。

然而,在冗长的和复杂的推理程序的过程中,毫无失误地、一丝不苟地遵循细致的逻辑法则的官能,并不是在代数建构中开始
85 起作用的唯一官能。另一种官能本质上参与在这项工作中。正是这个官能,数学家借助它在有十分复杂的代数表达式的参与下,容易察觉各种各样的变换,这些变换是计算法则可以容许的,他能够使计算经受这些变换,而且他能够用这些变换达到他想发现的公式。这种官能非常类似于准备一着妙棋的跳棋手的官能,它不是推理能力,而宁可说是组合才能。

在德国数学家中间,无疑在很高的程度上存在拥有组合代数计算操作才能的人。但是,来自莱茵河彼岸的解析家之所以卓尔不群,绝不是由于这种才能。具有这种技艺的主要大师在法国更容易发觉,特别是在英国很容易找到,诸如埃尔米特、凯莱、西尔维斯特。正是运用它的具有最极端的严格性、毫无最小跳跃地遵循最广泛的和最复杂的推理链条的演绎能力,德国代数学才标明它的优势。正是由于这种能力,维尔斯特拉斯、克罗内克、乔治·康托尔才展示出他们的数学心智的力量。

由于德国数学家的数学心智绝对归顺演绎逻辑的法则,他们对解析的完美做出了十分有用的贡献。以前在其他人中间显得出众的代数学家,太乐意地、不适当地信赖直觉心智的直觉。因此,他们常常会把实际上仅仅是猜测的东西阐述为已被证明的真理。有时,甚至在命题事实上还不为真的时候,就仓促地建议它们为

真。对代数学领域摆脱一切谬误推理，德国的科学做出巨大贡献。

从一千个例子中只引用一个案例：借助十分机灵的和仓促的直觉，直觉心智相信它已经认定，每一个连续函数容许有导数。按照数学心智，由于直觉心智理所当然地非常匆忙，它终究要从数学 86
心智接纳那个命题的某些明显的证明。在形成永远没有导数的连续函数时，维尔斯特拉斯证明，在代数推演过程中暂时抛弃严格性会多么危险。

从而，数学心智的极端严格性对代数的进步具有巨大的优点。它也呈现出十分严重的不便。由于过度焦虑避免或解决仅仅是琐事的障碍，它以毫无效果的和冗长乏味的讨论拖累科学。它窒息发明精神。事实上，在锻造应该借助试验过的和检验过的链环把新真理与原理关联起来的链条之前，它的确有必要首先察觉那个真理。在每一个数学发现中先于证明的直觉是直觉心智的特权。数学心智不知道它，而且数学心智以严格性的名义容易拒绝把起作用的权利给予它。由于担忧数学精神的排他使用对发明官能造成的危险，甚至在德国某些数学家中间有像利克斯·克莱因这样的人，他们开始维护对直觉心智而言特有的直觉在代数方法领域的地位。

五

代数使理性服从这种存在于三段论定律和计算[calcul]法则的铁的纪律。德国人的心智以其数学严格性而骄傲，但却剥夺了直觉，没有什么科学更恰当地适应它。于是，德国人试图尽可能多地把与代数形式相似的形式给予每一门科学。例如,在德国人手中,几何学被还原为只不过是解析的一个分支。

通过发明解析几何,笛卡儿已经把在空间画出的图形的研究
87 还原为借助代数方程的讨论。空间中的每一个点能够用三个数即这个点的**坐标**表达。对于在特定曲面上找到的给定点,它的三个坐标满足某一方程是必要的和充分的。有关该方程的代数特性的一切信息,不分先后地是关于该曲面几何特性,反之亦然。于是,在组合公式方面比考虑线和面相似方面更为熟练的他,凭靠他是一位技艺娴熟的代数学家的唯一事实,从而能够成为一位伟大的几何学家。

然而,即使在笛卡儿的工作之后,把几何还原为代数也不是绝对的。为了把三个坐标分配给空间的一个点,还必须求助于某些几何学命题,求助于关于直线[droites]和平行平面的最基本的理论。尽管这些命题可能是简单的,但是它们需要接受欧几里得在《原本》开头声称接受的全部公理。现在,对于数学心智在其身上遭受严格性最小减少的一些人来说,这种对欧几里得公理的依附是令人反感至极的。

推理科学要求我们承认它的公理,不应当仅仅使它们之间一致而无任何矛盾的阴影。进而,它们在数目上应该尽可能地少。因此,它们应该是相互独立的。事实上,如果在它们之中一个借助于另一个证明,那么就可以把它从公理的数目中删除,并降级为定理的类别。

这样一来,欧几里得的公理是真正相互独立的吗?这是一个长期使几何学家烦恼的问题。在这些公理中有一个公理,平行线

理论依赖它，许多人想把它看做是希腊几何学阐述的其他建议的简单推论。于是，我们看到反复尝试证明欧几里得的这个公设。但是，稍微聪颖的批评家总是发现，在这些尝试的每一个中都存在 88
循环论证。

更巧妙地，高斯、鲍耶和罗巴切夫斯基给予这个问题以另外的意见。这些数学家专注于展示一系列命题，这些命题可以通过接受欧几里得阐述的所有公理——除了平行公设——而确立。他们认为，在不假定所争议的公设的真理并依然永远不遭遇矛盾的情况下，如果人们能够把这些公理的推论系列追究到无穷，那么顺理成章的状况是，采纳这些原理不会必然地要求支撑平行理论的那个公设的真理性。昂利·彭加勒已经表明，高斯、鲍耶和罗巴切夫斯基构想的这一思想具有圆满的说服力。他证明，如果由这些数学家建构的非欧几何学永远能够导致两种相互矛盾的命题，那可能是因为欧几里得几何学本身能够提供两种不相容的定理。

要发现欧几里得的所有公理是否真的相互独立，是一个处于数学心智管辖范围的问题。而且，由于高斯、鲍耶、罗巴切夫斯基及其后继者的努力，数学心智已经充分地解决它。但是，要决定欧几里得的这个公设是否为真，却是一个听任数学心智自行其是而不能回答的问题。在这种情况下，它必须求助直觉心智的帮助。

几何学的真理并不仅仅在于公理绝对相互独立，或者在于从公理导出定理无懈可击的严格。它也在于且尤其在于这样的命题之间的一致，这些命题通过称之为常识的那种广泛的试验，形成这个逻辑链条，并给予我们理性关于能够在其中追索的空间和图形的知识。证实所有命题借以从中相互导出[se tirent les uns des

autrest]的演绎的精密性，属于数学心智。但是，它没有办法辨认，这些命题是符合还是不符合我们先于所有几何学就平面或立体图
89 形所知道的东西。这后一关注是直觉心智的任务。

现在，我们能够先于所有几何学在空间问题上阐述的头一批真理之一是，空间有三维。当直觉心智为了精密地把握该阐述意谓什么而分析这个命题时，它发现该命题具有“在那里有三个是它的坐标的数对应于空间的每一个点”这个意思吗？根本不具有。它发现的东西是，在把三维赋予空间时，并非是数学家的人要求这样说：所有物体具有长、宽、高。而且，如果直觉心智坚持这个断言，那么它就承认，它等价于另一个断言：能够精密地把每一个物体容纳在一个精确决定的大小的盒子[boîte]里，几何学家把它的形状称为长方体。于是，数学心智跟着证明，与长方体有关的、直觉心智判断为真的命题承担欧几里得的驰名公设。

此外，在最共同的经验储存起来的关于大小和图形的真理珍宝周围搜寻时，直觉心智碰到这些命题：用绘画可以描绘平面图形，用雕塑可以描绘立体图形，而画像精密地摹写模特儿，尽管它是不同的尺寸。无论如何，这是一个在旧石器时代来自弗泽勒(Vézère)陡坡的驯鹿捕猎者也没有怀疑的真理。现在，正如几何学心智证明的，图形在不是相等的情况下能够是相似的这一说法，预设欧几里得的这个公设的正确性。

以这种样式承认在几何学公理的证实中移交给直觉心智的高度重要的作用，并不是德国的科学的品位。后者总是轻视几何学命题和出自常识的知识之间的一致，由于这种一致不能用数学心
90 智确立。它愿意拥有唯一在于演绎推理——定理借以从公理导

出——的严格性的几何学真理。而且，为了不使取自感觉经验的某种信息殃及这种严格性，它会绝对把几何学还原为无非是代数问题。

对德国的科学而言，一个点**按照定义**是三个数的总体。设三个数的值连续地以这样的总体变化，以至可以说该点生成一个空间。**根据定义**，两点之间的距离将是一个代数表达式，其中出现第一个总体的三个数和第二个总体的三个数。肯定不会绝对随意地选取这个代数表达式：将以这样的方式选择它，使得它的某些代数特性用类似于明确表达某些几何学特性的短语表达自己，而常识则把这些几何学特性归因于两点之间的距离。但是，我们将试图使这样的特性尽可能地少，因为担心直觉心智可能在它们之中找到借口，而进入人们希望建构的科学领域。因此，代数计算将得以发展，并被称之为几何学。

也许，理性向我们提供关于平面图形和立体的直觉知识，还能找到迂回潜入这种代数编织的演绎网络的空隙的手段。为防备这种可怕的直觉，将采取新的预防措施。这样的直觉不了解不具有两维或三维的空间的点。要明确表达可以就关于三维以上的空间谈论的命题，恐怕不得不讲对这样的直觉而言是毫无意义的话语。这些正好是我们要不断试图阐明的命题。正如我们料想的，将被称之为点的东西，不会是三个数的总体，而是 n 个数的总体。用 n 表示的整数的值，不会被具体指定。这个值能够大于三；它能够像我们希望的那么大。n 个数的这一总体，据说是 n 维空间的一点。

以这种样式，伯恩哈德·黎曼这位强有力的数学天才着手撰 91
写深邃的代数学的一章，他给该章的标题是“关于作为几何学基础服务的假设”(*Uber die Hypothesen welche der Geometrie zu Gründe liegen*)。

我们已经以多么细微的关切指出，关于线和面的直觉知识在那个理论的构成中被搁置起来。代数导致的和它用从几何学借来的词语提出的推论，轻率地反对直觉的空间知识认为是最肯定的命题，这令人惊讶吗？例如，当它确认同一平面上无论什么样的任意两条线在有限的距离相交时，它不否认平行的真正存在吗？

黎曼的理论是**严格的代数**，因为它阐述的所有定理可以十分精密地从它提出的公设推导出来。因此，它使数学心智满意。它不是**真实的几何学**，因为在提出它的公设时它没有注意，公设的推论应该在每一点与出自经验的判断一致，而经验判断则构成我们关于空间的直觉知识。因此，它使常识目瞪口呆。

六

黎曼关于几何学基础的专题论著，是德国的科学最应得的著名著作之一。在我们看来，它似乎是德国人的数学心智用来把每一个理论转换为代数类别的程序的非凡例子。

这种心智把极不相等的份额分配给两种方法，而正是由于这
92 两种方法的帮助，每一门推理科学才取得进步。它在广度和细节方面一样地发展演绎过程，而推论正是通过这个过程从原理导出的。它压制归纳和悟性的整体，或者将其降至仅有微不足道的意义，可是直觉心智能够借助这个整体在经验的基础上释放原理。

无论任何力学理论或数学物理学理论赖以立足的假设，都是

在长时期已经预备好的成熟果实。通常观察的资料,借助仪器帮助的科学实验结果,现今忘掉或拒绝的古代理论,形而上学的体系,甚至宗教信念,都对假设有所贡献。它们的结果是如此纵横交错,它们的影响以如此错综复杂的方式如此混乱庞杂,以至需要深刻的历史知识支撑的心智的巨大精妙性,以便辨别把人的理性引导到对物理学原理具有清楚感知的道路的基本方向。

现在,让我们审查一下最科学的代数学的某些典范,其中古斯塔夫·基尔霍夫提出形形色色的数学物理学理论。在原理采纳之前的漫长而复杂的精心制作中,我们没有发觉蛛丝马迹。每一个假设凭借在许多进化和变革之后它所呈现的抽象的和普遍的外观,好像都是突然地(ex abrupto)呈现的,没有任何信息可以使我们察觉必不可少的准备工作。一个法国人在柏林是基尔霍夫的听众,他不久前对我复述,这位德国教授在提出每一个新原理时习惯使用的公式。"我们能够设置而且我们将要设置[poser]... wir können und wollen setzen(我们能够且将要设置)……"倘若任何矛盾没有禁止纯粹逻辑学家利用我们想做的那个假定,那么我们便把它指定为我们自由意志颁布的法令。可以这么说,这种意志行为,这种我们愉悦的选择,随着时代的推移完全代替直觉心智必须完成的一切工作。与服从数学心智的原始纪律的东西相比,它在科学中没有留下任何更能站得住脚的东西。基于自由阐述的公设之上的物理学理论,只不过是一系列代数演绎。

基尔霍夫并不是以这种样式处理力学和物理学的独一无二之
人。那些听从他的告诫的人都模仿他的方法。例如,当海因里 93
希·赫兹声称建构力学时,可以想象有比鼓舞他的更绝对的代数主义吗？在给定的时刻，当人们了解某一量值的数所取的值 n 时，构成所研究的系统的各种物体的配置就是已知的。由于担心经验的直觉可能会启发我们这个力学系统的某种特性，我们十分迅速地从视域丢失并忘记形成该系统的物体，骗过直觉，而且只考虑其坐标在 n 维空间恰好将是这些 n 值的点。让我们承认，这个点——它本身无非是一个代数表达，仅仅是为标示 n 个数的总体而采取的几何协调的一个词汇——从一个时刻到另一个时刻以使用代数公式表述的某个量值减至最小的样式变化。从这个在性质上如此十足代数的、在外表上如此完全任意的约定出发，我们以完美的严格性演绎计算能够从它引出的推论，而且我们说我们正在陈述力学。

肯定地，赫兹阐述的公设不像它看来那样任意。它是以这样的样式配置的：它的代数结合方式概括和浓缩了从让·比里当到伽利略和笛卡儿，以及从笛卡儿到拉格朗日和高斯的一切东西，即在惯性定律和物体借以在它们的运动中相互之间彼此约束的关系方面，直觉、经验和讨论向力学家泄露的一切东西。但是，在所有那个先前的精心制作中，海因里希·赫兹竟然没有在他给予我们的绝对精确的和严格的力学表达式中保存最小的暗示。他完全地和系统地消除了它，以致科学的基础原理采取由一位公开的权威代数学家颁布的专横的命令形式：我愿意这样做，所以我命令这样做，让我的意愿代替理性。（Sic volo, sic jubeo, sit pro ratione voluntas.）［我愿意它如此，我命令它如此；让我的意志处在理性的位置。］

不管怎样，在某些案例中，这样的行进方式能够产生十分恰当的推论。

通过不断解开缓慢产生物理学中的假设的一团复杂操作，直 94
觉心智有时在它起作用的方面也欺骗自己。它开始想象，它可以完成数学心智的工作。它以微妙安排的转变，错误地以为这一系列考虑是一个命题的明确证明，虽则通过这样的转变它一点一滴地准备了接纳那个命题的心智(mind)[espirit]。我们的法国物理学过于经常和过分长久地放纵这种幻想。重要的是，要使理性担负警戒这种误解的作用，而不允许理性相信，当我们仅仅使物理学原理变为猎获物时，它就算是被证明了。最好提醒理性，从演绎逻辑的观点看，物理学的假设是在没有推理强加的命题的外表下到场的；科学家(scientist)[savant]像他喜欢的那样阐述它们，唯一地受到希望从它们引出符合经验资料的推论的引导；他之所以建议我们接受它们，用恩斯特·马赫的话来说，是因为众多实验定律和少数理论公设的浓缩在他看来似乎是幸运的思维经济。对于这个任务，德国人的理论的纯粹代数主义是惊人地贴切。

但是，不得不说些什么呢？简单地讲，直觉心智在其中夸大它的能力的物理学解释被另一种解释矫正，在后一解释中那种心智太野蛮地被驱赶出去。换句话说，在一个方向的过量，往往能在相反方向的过量中发现它的纠正办法。颠茄(belladonna)和洋地黄(digitalis)中和彼此的效果。不过，它们是两种有毒的植物。

七

在直觉心智能够借助一些考虑为我们接受力学理论或物理学理论的假设做准备，在对这些考虑毫不关心的情况下安置上述假

95 设时，人们冒险对严重的缺点做出让步。人们向自己开辟通向提供教诲的道路，这些教诲震撼普遍接受的常识教导。

德国的科学对常识的要求漠不关心。他乐意直接反对它。伯恩哈德·黎曼的几何学理论已经准许我们认出这一点。在德国人的思想用如此一丝不苟谋划的设置建构的系统之基础上，它似乎间或蓄意喜欢安置某种断言，即使这个断言也会与最有把握的逻辑原理矛盾，而对于直觉心智而言，这种断言可能是引起反感的场合。于是，设置形式上与若干公理矛盾的命题——并且用一系列十分决定性的三段论从那里引出推论的整个总体——对藐视直觉心智和常识的数学心智而言，这是多么心旷神怡的事情！

从很早的时候起，在德国就发觉人们支持这种鲁莽之举。

在 15 世纪中间之前，库萨的尼古拉撰写了他的专题著作《论有学问的无知》，他是德国人的理性能够因之自夸的第一个有独创性的思想家。为了给他打算建造的哲学大厦奠定基础，这位“德国人的红衣主教”陈述了一个断言，它的矛盾特征跃入人们眼帘：在事物的每一秩序中，极大值和极小值是等价的。于是，按照这个基本原理，演绎法允许他建构完整的形而上学。

在德国人中间，19 世纪出现了在奇异性上不亚于库萨的尼古拉的尝试。黑格尔开始把他的整个哲学体系依赖对立面的同一的断言。而且，黑格尔主义在莱茵河彼岸的大学众所周知，这个巨大的成功标志德国人的数学心智达到什么广度，这种心智决没有受到对常识的这种藐视而震惊，它以纯粹演绎法的精彩表演为乐。

96 其本性在于意识到被铁的纪律统治的存在物，在毋庸讨论地服从它顺从的秩序中找到它的幸福。更奇怪的是，甚至更令人讨厌的是，这种秩序对这样的人来说可以是、更多地是喜气洋洋的忠顺。可以如此说明库萨的尼古拉或黑格尔的数学心智用来铺开荒谬原理的推论的心甘情愿之忠顺。此外，形而上学家并不是提供这种使我们困窘的智力归顺范例的唯一德国人。我们看到数学家作为副产品生产出完整的几何学，在其中欧几里得阐述的最不可以讨论的某一公理被它的矛盾命题替换了。而且，这些演绎的作者对卓识、旧识(old sense)、常识的判断而言越是不可思议的和反常乖戾的结论，似乎越是成正比地喜欢。

然而，正是与这些数学家无论何时在日常实践中运用的卓识、旧识、常识一致的几何学，他们拿来测量任何物体或描画任何图形。

在数学心智宣称不借助直觉心智的帮助而做事情的例子中，类似的不一贯并不稀罕。数学心智若与常识隔绝，就不能流畅地推理和无止境地演绎。此外，它不能指导行动和维持生活。正是常识，在事实领域作为主人统治着。在这种常识和推论科学之间，正是直觉心智建立了真理的持久流通，从常识抽出科学将演绎它的推论的原理，在它的推论中概括能够提高常识和使常识臻于完美的一切东西。

德国的科学不知道这种连续的转换。由于服从纯粹演绎法的严格纪律，理论与常识毫无任何关系，而是它的规则步骤的必然结果。另一方面，在没有开始用任何手段磨掉其原始的和粗糙的形式的理论的情况下，常识继续指导行为。

观念论哲学家难道没有赤裸裸地显露如此缺乏科学和生活之 97
间的所有相互渗透吗？在他的大学教席上，他否认外部世界的全部实在，因为他的数学心智在任何结论性的三段论的末端没有遇到这种实在。在后来的时间，在小酒店内，他在那些确实可信的实在即他的泡菜、他的啤酒和他的烟斗中，获得充分确信的满足。

就被剥夺直觉心智的德国人即纯粹数学家而言，生活不能指导科学，科学不能启发生活。因此，埃米尔·布特鲁才会在他的鸿篇巨制《德国与战争》中写道：

> 他们的科学是专家和学者的事务，不能渗透他们的灵魂，不能影响他们的性格。……的确，撇开值得注意的例外，想一想在小酒店中，在他的日常生活的关系中，在他的消遣中的这位博学的教授——他在发现和把所有资料收集在一起以供研究时超群拔类，并且通过机械似的操作，在极少诉诸判断和卓识、常识的情况下，他从研究中揭示完全基于文本和推理过程的答案。在[他的社会行为与]他的科学和他的教育程度之间常常存在多少不同啊！品味、情操、语言的粗俗！对他的权威难以在他的专长中察觉的这么一个人来说，其行为多么野蛮！……就德国人而言，学者和人过分经常地彼此之间只不过是陌生人。[①]

就德国的科学而言，恰如就德国科学家而言。直觉心智的缺

① [这段原文不在我的手头。可是，我通过埃米尔·布特鲁的《哲学与战争》(*Philosophy and War*, New York: Ddutton, 1916)看到了。在这里与迪昂的思想有某种有趣的类似。]

乏在观念的发展和事实的观察之间留下断裂的鸿沟。观念是一个从另一个演绎的，它们傲慢地否认它们认为是一无所有的常识。常识用它自己恰当的手段巧妙地处理实在和陈述事实，而不关心无视它或陷入与它冲突的理论。今天，这样的景象十分经常地通过来自莱茵河彼岸的物理学呈现给我们。

八 98

德国人的电现象理论，将为我们提供这种不连贯的二元性的例子。

在数学物理学中，有一个特别困难和复杂的理论，即电磁理论。泊松的天才、安培的天才制定了这个学说的原理，它们在特征上具有法国人的明晰性。在19世纪中间之前，这些伟大人物的工作担当了向导，引导最杰出的德国物理学家高斯、威廉・韦伯、弗朗茨・诺伊曼为了使之完备而完成的工作。所有这一切受直觉心智激励且同时被数学心智控制的努力，建立了永远受到赞美的、最强大和最和谐的物理学理论之一。接着，在数年间，这个学说就被德国人的排他的数学精神搅得一团糟。

无论如何，这种混乱的根源并不在德国。它的根源必定能在苏格兰找到。

苏格兰物理学家詹姆斯・克拉克・麦克斯韦，仿佛被两个直觉鬼魂附体一样。

这些直觉的第一个是，绝缘体——法拉第称之为**电介体**——应当对电现象起作用，这比得上导体对电现象起作用。它恰当地构成电介体的电动力学，这种电动力学类似于安培、W. 韦伯和 F. 诺伊曼针对导体建立的电动力学。

第二个直觉是，电运动应当在电介体的内部传播它们本身，就像光在透明体内部传播的样式那样。而且，在相同的实物中，电的速度和光的速度应当是相同的。

于是，麦克斯韦力图把电的数学理论的方程推广到电介体，并
99 且使这些方程具有这样的形式，以便在它们之中能够明了地辨认电传播和光传播之间的等价。但是，最可靠地确立的静电学和电动力学定律，根本没有把它们导向这位苏格兰物理学家凭空想出的变换。贯穿他的一生，麦克斯韦时而通过一条路线，时而通过另一条路线，不停地试图以这样的方式简化这些难以对付的方程：从它们之中推出他瞥见的命题，也就是他以他的惊人天才猜测是十分接近真理的命题。不管怎样，他的演绎没有一个是可望成功的。即使他最终得到所需要的方程，对于每一次新的尝试，那也是以公然不合逻辑的推论甚或计算的严重错误为代价的。

关于麦克斯韦的这项工作，肯定与德国人毫无干系。为了利用他的锐利的直觉向他揭示的真理，自菲涅耳以来被看做是最冲动的和最大胆的直觉心智，却对数学心智的最有正当理由的反对默不作声。反过来，数学心智本身有权利和责任使它的声音被人聆听。麦克斯韦通过在悬崖旁开辟的小路继续进行他的发现，这条小路对于每一个尊重逻辑和代数法则的理性来说是不可能通过的。理性从属于追踪容易的道路的数学心智，它沿着这条道路可以毫不缺乏一点严格性地上升到相同的真理。

这项不可或缺的工作是由一位德国人彻底完成的，可是这位

德国人的天才却免除了德国人心智的缺点。赫尔曼·冯·亥姆霍兹表明,在不抛弃电动力学久已掌握的任何被证明的真理的情况下,在无论如何不冒犯逻辑和代数法则的情况下,人们如何仍然能够达到这位苏格兰物理学家计划的目标。是必要的一切就是,不是把严格等于麦克斯韦指定它的速度,而仅仅把十分接近他指定它的速度,强加于电作用的传播。

在亥姆霍兹的完美理论中,直觉心智和数学心智二者都同等 100
地得到满足。在承认安培、泊松、W. 韦伯和 F. 诺伊曼建立的电动力学任何部分的情况下,他的理论用在麦克斯韦观点中是真实的和多产的一切东西丰富它。有一位德国人推荐让所有和谐构成的理性如此满意的亥姆霍兹理论,这位德国人由于他在多种多样的领域里做出的发现而受到赞颂,在他自己的国家享有巨大的和真正的声誉。不过,人们发现该理论在德国不受青睐。即使亥姆霍兹的学生,对它也不理解。正是他们之中的一位海因里希·赫兹,把从那时起德国的科学喜欢的形式赋予麦克斯韦的思想,因为数学心智从它之中把直觉心智严厉地驱逐出去了。

一些反对理由为数众多,同样也相当严重,麦克斯韦试图为他希望得到的方程辩护,而这些理由却阻挡了他为之辩护的各种方法的道路。有一种一举扫除这一切反对理由的办法,简单到蛮横程度的办法。这种办法不再把麦克斯韦方程视为证明的目标,不再使它们成为理论的表达,而通常接受的电动力学定律作为原理为理论服务。那是在开头只是作为代数必须从中演绎推论的公设安置它们。这就是赫兹所做的工作。他宣布:“麦克斯韦理论正是麦克斯韦方程。”德国人的数学心智以这种操作方式异常自豪。事实上，为了从其来源不再需要讨论的方程演绎推论，就不需要求助直觉。代数计算就足够了。

不言而喻，这种行进方式不能使常识满意。实际上，麦克斯韦方程不仅与科学的和渊博的物理学教导背道而驰，它们也与每一个人可以理解的真理直接矛盾。无论谁认为这些方程是普适地和
101 严格地真，就他而言，仅仅永磁体的存在就是无法想象的。赫兹明晰地认出这一点，路德维希·玻耳兹曼也是如此。然而，在这里，他们中的无论哪一个也没有看见拒绝授予麦克斯韦方程以公理头衔的充分理由。现在，恰恰不是在物理学实验室，人们发现永久磁体，磁石，磁化铁的磁针、小棒和蹄形磁铁。在每只船的驾驶台上，罗盘座就容纳一些诸如此类的东西。人们甚至在幼儿的玩具中碰见它们。当常识制止数学心智否认这样的磁体存在时，它的确处在它的权利之内。

永磁体也可以在物理学家使用的仪器之中找到，这样的物理学家按照赫兹的劝告接受像命令一样的麦克斯韦方程，他们使自己的理性归顺这些方程，而没有把它们的断言交付理性权威审查。用永磁体提供的仪器的帮助，这些物理学家实施了许多实验。在任何特定的例子中，当他们要求应用麦克斯韦方程的推论时，他们便乞灵于这些实验的结果。而且，这些结果告诉他们，把什么数值赋予电阻或磁化系数是适合的。于是，每当他们指名要一个其公理认为永久磁体的存在是荒谬的学说时，利用这样的磁体怎么是可能的呢？

这样的相互不一致，是缺乏直觉心智的必然结果。数学心智由于缩减它自己的能力，从不知道把它的演绎怎样应用于经验资

料。在理论家在他的推理过程中考虑的抽象和观察者在实验室操纵的具体物体之间，唯有直觉心智才能察觉类似并建立对应。理论物理学和实验物理学之间的关联是被直觉到的，而不是被推导出的。

如果理论以与健全方法的法则一致的做法构成，如果数学心智和直觉心智每一个都扮演它们的合情合理的角色，那么在数学 102
心智分析的方程和常识确立的事实之间的关系总是简单的和牢固的。它总是产生于直觉心智借以引出的操作，产生于经验教导即从底部支撑理论的假设。但是，如果理论的基本原理不是通过直觉从实在内部抽取出来的，而代之以通过数学心智任意安置的代数公设，那么理论的推论和经验结果之间将不再存在自然的接触。一方面演绎，另一方面观察，会在两个隔离的领域发展。如果从一个到另一个的通道建立起来，它将是人为地安排。这样的转变的合情合理性，将不能借助正是这个理论的原理被剥夺一切辩护的事实来证明。因此，我们将看到，演绎过程的推论应用于这样的实体：这个演绎依赖的公理本身宣布这些实体不存在。

九

各种电效应的研究导致假定——实际上看来好像是导致事实的确立——在气体的核心存在十分小的带电粒子，这些粒子以急速的运动驱动，它们得到**电子**的命名。由于急剧地在空间移动它所携带的电荷，电子以通过导体的电流的样式运行。对电子流的研究是电动力学中的新的一章。问题是撰写这一章。

为了由电子构成电动力学，遵循安培、W. 韦伯和弗朗茨·诺伊曼用来创立导体的电动力学的谨慎方法，看来好像是可能的和
103 可取的。但是，这种方法需要精密的实验、敏锐的直觉和艰难的讨论，对此 W. 韦伯、伯恩哈德·黎曼和克劳修斯的工作都给予其头一瞥。它要求足智多谋和充裕的时间。代数主义找到了少麻烦且更急速行进的办法。先前已知的电流强度可用麦克斯韦方程计算。在不以另外的方式改变方程的形式的情况下，把认为属于电子运动的**运流**(convection current)的强度单纯地和简单地添加到这些方程中，从而人们在那里拥有新电动力学的基本公设。荷兰物理学家 M. 洛伦兹一提出这个假设，德国科学家就极其热情地行动起来，从它演绎电子物理学。

这样一来，这个物理学完全基于麦克斯韦方程的纯粹普遍化。它依靠已经知道被虫蛀的横梁，从而使整个大厦变成腐朽的。由于在它们之中具有与纯粹的磁体存在的形式矛盾，当引入运流时，并没有使麦克斯韦方程消除瑕疵。新电动力学起初是作为不能接受的公设的推论总体出现的。

不管怎样，正是这个受到支撑它的假设污染的理论，作为直到那时被视为最牢固的科学的批评家和改革者，毫不犹豫地使自己树立起来。理性力学这位物理学理论的大姐姐，全部比较年轻的学说直到那时把它看做是向导，它们甚至经常试图从它引出它们的所有原理——我们可以说，理性力学发现自己被这个新到来者摇撼的正是它的基础。以电子物理学的名义，它打算放弃惯性原理，完全转变质量概念。如果新理论不与事实抵牾，那就是必要的。没有任何人即刻询问，这个矛盾——更确切地说需要推翻力

学——是否没有发出电子论依靠的假设不正确的信号，是否没有表明代替或修正它们的必要性。这些假设被数学心智作为公设安 104
置。它以沉着的自信取出它们之中的推论，这些推论在真正的废墟中得意洋洋，而废墟则是在该时代建立的学说即赢得青睐的理论的变迁中堆积起来的。无论如何，在受科学伟大进步的历史指导的以往经验的带领下，直觉心智在这一混乱的进军中猜想到真理的贫乏迹象。

进而，由于被剥夺直觉的理性如此经常地因之受到谴责那种不一致，电子物理学的支持者在实践中毫无顾忌地使用的，正是他们的理论谴责的那些理论。他们的演绎要求我们拒绝理性力学，但是他们为了解释他们采用其信息的仪器的指示起见，却肆无忌惮地求助理性力学。

十

新物理学并不满足于与其他物理学理论斗争，尤其是与理性力学斗争。它没有从与常识抵牾中退却。

人们发觉，迈克耳孙先生实施的精妙光学实验与电子物理学不一致，而且事实上与直到我们自己的时代所提出的大多数光学理论不一致。在那个实验中，至少如果及时确认和正确解释的话，那么直觉心智劝告我们查看直到目前发展的任何光学理论并非无瑕疵的证据，查看至少是正在修饰每一个理论的必要性。德国物理学家的数学心智持有另外的看法。它找到一条与电子论方程和迈克耳孙先生所做实验的结果处于一致的办法。为了达到这一结论，推翻常识向我们提供的关于空间和时间的概念就足够了。

105 对所有人来说，空间和时间两个概念似乎是相互独立的。新物理学用不可解开的纽带把它们彼此关联起来。促成这种关联的、确实是时间的代数定义的公设，接受了相对性原理的名称。而且，这个相对性原理如此明白地是数学心智的创造，以致人们不知道如何用日常语言且在不求助代数公式的情况下正确地表达它。

在引用相对性原理的一个推论时，人们至少能够表明，它在空间和时间概念之间建立的关联，在什么方面违背常识的最明确的断言。

在运动物体横越过的路程的长度和这一横越持续的时间之间，我们的理性并没有建立任何必然的关联。无论路程可能多么长，我们也能够想象，它会在像我们希望的那么短的时间内横越。无论速度可能多么大，我们总是能够构想更大的速度。肯定地，这个更大的速度事实上是不可能实现的。情况也许是，目前还不存在任何物理手段，能使运动物体以大于给定极限的速度运动。但是，这种不可能性是强加在工程师能力上的极限，对理论家的思想来说，它不应该呈现不能克服的荒谬。

如果人们承认相对性原理像爱因斯坦、马克斯·亚伯拉罕、闵可夫斯基或劳厄构想的那种，那么常识的假定并不成立。物体不能运动得比光在真空中传播的还快。而且，这种不可能性不是简单的物理不可能性，人们必须承担这是缺乏能够产生它的任何手段的后果。它是逻辑的不可能性。对于相对性原理的支持者而言，谈论比光速还大的速度是在念一个失去意义的词。它与时间的真正定义相矛盾。

相对性原理使一切常识的直觉困窘，这并未引起德国物理学
家的怀疑。完全相反，接受它这一事实本身，就是抛弃谈论空间、
时间和运动的所有理论，抛弃力学和物理学的所有理论。这样的 106
混乱对德国人的思想一点也未造成不愉快。在它愿意清理古老理
论的地基上，德国人的数学心智本身总是乐于重构完备的物理学，
相对性原理将是其基础。如果这种轻视常识的新物理学违背观察
和实验容许我们在天上的力学和地上的力学领域构造的一切，那
么纯粹的演绎法便会仅仅以不可动摇的严格性而更加自豪，它将
以这样的严格性径直对准目标，追求它的公设的灾难性的推论。

在描绘“数学秩序”时，帕斯卡说：

> 它无法定义每一事物，它无法证明每一事物。但是，它仅仅假定事物是清楚的，并被自然之光确立起来，这就是为什么它是完全真实的，由于自然在缺乏论证的情况下支撑它。这种在人中间最完美的秩序，根本不在于定义和证明每一事物，也不在于定义和证明没有事物，而在于坚持未定义的事物的这种媒介是清楚的且被所有人理解，并且在于证明一切其他事物。从事定义和证明每一事物的人，以及在并非不证自明的事情中忽略这样做的人，同样犯违逆这种秩序之罪。
>
> 这就是几何学完美地教导的东西。它没有定义诸如空间、时间、运动、数、相等这样的事物之中的任一个，也没有定义类似它们的、是不计其数的事物之中的任一个。……

> 人们发现也许奇怪的是，几何学不能定义作为它的主要对象而拥有的事物之中的任一个，因为它既不能定义运动、数，也不能定义空间。无论如何，这三个事物是它特别考虑的事物。……但是，如果人们注意到，这门值得赞美的科学仅仅使自己应用于是最简单的事物，在此不会感到意外。使它们值得成为它的对象，使它们不能被定义从而缺少定义的这个相同之质，与其说是缺点，毋
> 107 宁说是完美，因为它不是来自它们的模糊性，而是相反地来自它们的极度明显性，这样的明显性即使它不具有证明的说服力，它也具有它们的全部确定性。①

排他的数学心智不想把从在其中容纳直觉心智的常识中引出确定知识的能力给予直觉心智，这种确定知识除了具有它的全部完备的确实性外，在没有证明带来说服力的情况下被认为具有极度的明显性。这种心智不了解其他证据，而且不知道除了定义和证明的确实性以外的其他确实性，以致它更深地堕入所有命题都应该在科学中得到证明的科学之梦。再者，由于定义每一事物和证明每一事物是相互矛盾的，所以它至少希望把所有非定义的概念和未证明的判断缩减到尽可能少的数目。在没有定义的情况下，它同意接受的仅有的观念是整数、相等、不等和整数加法的观念。在没有要求证明的情况下，它会乐意接受的仅有的命题是算

---

① [*De l'espirit géométrique*, in Lafuma, ed., Pascal: *Oeuvres Complètes*, pp. 350,351.]

术的公理。当它从诸如此类的概念和原理出发发展完备的代数学说时，它理解如何妥善地把每一门科学还原为只不过是那种代数学的一章。空间、时间、运动的观念，是通过日常知识作为简单的、不可还原的观念呈现给我们的，这些观念不能借助与整数有关的操作来重构；因此，它们本质上是不能有代数定义的。这个需要不是障碍！数学心智拒绝考虑所有人清楚设想的、他们在他们中间能够永远相互理解地就它们交谈的空间、时间和运动。借助所涉及的关于整数的代数表达式的操作，也就是说在对整数的最终分析中，它为它自己制作它自己的时间、它自己的空间、它自己的运动。它使这种时间、空间和运动服从代数方程任意安排的公设。而且，当它从这些定义和公设出发，按照计算法则严格地演绎绵长 108 的定理系列时，它宣称它产生几何学、力学、物理学，虽然它只是发展了代数学的篇章而已。以这样的样式，创造出黎曼几何学。也正是以这种样式，形成了相对性物理学。德国的科学的确以这样的样式进步，它为它的代数的刻板性感到自豪，轻蔑地看待所有人都领受其份额的卓识。

十一

在那种德国的科学中，我们依然只是考虑几何学、力学和物理学。这些学科是持续利用数学的德国的科学的一部分；因此，它们最容易采取代数形式。但是，我们相信，稍微留心一点的观察者，都会再次碰见我们在审查德国的科学的这些不同篇章的过程中认出的特征，倘若他在这种科学的其他篇章中寻找它们的话。

例如，没有一个人未觉察到化学研究在德国经历的异乎寻常的发展。现在，德国的化学兴起起始于原子标记法从化学的符号和原子价概念中诞生的时期，这些概念是通过 J. B. 杜马、洛朗、热拉尔、威廉索恩和维尔茨的工作产生的。事实上，借助所谓**拓扑学**[analysis situs]的代数学部分提供的法则，这种标记法容许人们预测、计数和分类反应、合成和碳化物的同分异构。因此，正是从今以后隶属于数学心智优势的碳的化合物的研究即有机化学，在德国实验室对异乎寻常的严格性产生无穷的推力。在构成无机化学的为数众多的篇章中，相反地，原子标记法的数学操作具有十分
109 有限的用法。直觉心智还是清理反应的复杂性和分类化合物的工具。因而，与法国的科学交纳给化学这些篇章的贡物比较，它们没有从德国的科学接受一点贡物。

我们不想望冒险进入文本批评和历史的领域。皮匠的谈论别超过靴子的范围(Ne sutor ultra crepidam)。然而，在我们缺乏某种知识或经验的眼光看来，情况好像是，人们可以找到场合就这些范围做出类似于上面已经做过的评论。

就法国的科学的品味而言，历史研究本质上隶属于直觉心智。应归属法国人的灵巧和活跃的想象力，也许极其经常地把历史研究带进危险的结论和异想天开的综合。通过把微不足道的研究吹捧为文本的源头和耐心的证实，通过强求拿出可靠的文献以支持最琐细的断言，德国人的数学心智十分幸运地最终遏制住过分冲动的直觉心智的轻率鲁莽。但是，它并不甘愿面对直觉心智回忆，如果它不借助某些证据倒退回它的直觉，那么它的能力就会变得极其虚弱。它想要把直觉心智从直到现在它在其中处于至高无上

支配地位的研究中完全排除出去。因此，我们看到逐渐显现出那种德国人的博学：他们的像时钟机构一样被校准的方法声称，用永无错误的方法，“在极少诉诸判断和卓识、常识的情况下”，能够导致我们从文本到结论。凭借它的程序的严格性，凭借它的操作的步调，甚至凭借它喜欢常常使用的它自己的语言和符号的形式——这种形式对缺乏某种知识或经验的人来说是不可理解的，这种博学力求复制数学分析的步调[allure]。

现在，需要批判意识的研究恰恰是，绝对的和僵化的代数方法在其中达到最大程度的不相称的研究。尤其是关于历史文本的审查，人们能够借用帕斯卡的话说：

> [但是，在直觉心智中，]原理是在通常使用中发现 110
> 的，并向每一个人搜索的目光敞开着。人们只要瞧一瞧，没有必要费气力；它仅仅是有鉴赏力的眼光的问题，但是眼光的确必须是有鉴赏力的，因为原理是如此精妙，如此众多，以致一些要不逃脱注意几乎是不可能的。于是，遗漏一个原理便导致错误；因此，人们必须具有十分清楚的眼力才能看见所有原理，接着必须具有准确的心智才能不从已知的原理引出虚假的演绎。①

为了保留这些“处在通常使用中和在每一个人眼前”的众多原理的十分清楚的观点，在卓识的眼光和人们要求它阅读的文献之

① [Blaise Pascal, *Pensées*, See Trotter Translation, Ⅰ, 1, p. 1.]

间放置无法逃离的和稠密编织的德国人的方法之网，是合情合理的吗？

十二

我们必须详细说明各种各样的思考把我们导向的结论吗？看来好像如此自然地从我们刚才讲过的话可以得出，我们在某种程度上感到对于系统阐述它言不尽意。因此，我们将极其简洁地这样做。

法国的科学，德国的科学，二者都偏离理想的、完美的科学，但是它们是以两种相反的方式偏离的。一个过度拥有的东西，正是贫乏地提供给另一个的东西。在一种科学中，数学心智迫使直觉心智处于窒息的地步。在另一种科学中，直觉心智过于轻易地摈弃数学心智。

因此，为了使人类的科学可以充实地发展与和谐平衡地存在，最好能够看到，法国的科学和德国的科学肩并肩地繁荣兴旺，而不试图相互排挤。它们中的每一个都应当理解，它在另一个中发现它的不可或缺的补充。

111 因而，法国人在沉思德国学者的工作时，总是可以发现益处。他们或者会碰见他们在充分肯定真理之前发现的和阐述的真理的可靠证据，或者会遇到对轻率的直觉促使他们接受的错误的反驳。

研究法国发明者[inventeurs]的著作，对德国人来说总是有用的。可以说，他们会在那里发现问题的陈述，而他们的耐心分析应该致力于这些问题的解决。他们能够在那里听到与他们过度的数学心智相抗衡的常识的异议。

在19世纪，德国的科学是从伟大的法国思想家的工作出发的；我认为，没有一个来自莱茵河彼岸的人敢于辩驳。而且，没有一个来自此岸的人做梦不承认这些贡献，后来这种德国的科学正是以这一切贡献丰富我们的数学、物理学、化学和历史学。

于是，这两种科学彼此之间应当保持和谐的关系。不可得出它们具有相同的等级。直觉发现真理，证明继之而来并确信它们。数学心智把形体赋予直觉心智首先构想的大厦。在这两种心智(mind)[esprits]之间，存在类似于泥瓦工和设计师分级关系的等级制度。泥瓦工只做有用的工作，倘若他使工作符合设计师的蓝图的话。如果数学心智不把演绎指向直觉心智辨认的目标，那么它就无法追求富有成果的演绎。

另一方面，就演绎法建构的科学的部分而言，数学心智完全能够无可责备地确保严格性。但是，科学的严格性并不是它的真理。唯有直觉心智才能判断演绎的原理是否可采纳，证明的结果是否与实在相符。要使科学为真，它是严格的并不充分；它必须从常识开始，只是为了返回常识。

激励德国的科学的数学心智赋予它以完善的纪律的力量。但是，如果这种狭隘地训练的方法继续使它自己处于专断的和无感
觉的代数帝国主义的控制之下，那么它只能导致灾难性的后果。112
倘使它希望做有用的和漂亮的工作，那么它就应当从世界上卓识

的主要仓库即从法国的科学那里，接受它乐于服从的秩序。日耳曼[①]的科学是高卢[②]的科学的女仆。

① 日耳曼人(Germanic，germannica)是公元5世纪起分布在北欧的古代民族，后来逐渐同克尔特人以及当地其他居民结合，成为德意志、奥地利、卢森堡等地人的祖先。——中译者注

② 高卢(Gaul)是古罗马帝国的一部分，是古罗马对高卢人居住地区的称呼。高卢人(Gaul，gallicae)从公元前1500年便开始从莱茵河流域南下和西向迁移，他们是今天法国、比利时、德意志西部和意大利北部的克尔特人。——中译者注

德国的科学和德国人的德行

“Science allemande et vertus allemandes”, in Gabriel Petit and Maurice Leudet (eds.), *Les allemandes et la science* (Paris: Librairie Felix Alkan, 1916). 我把原来的编者引言列入迪昂的文稿中。

115 P. 迪昂教授是我们时代最高贵的和在科学上最卓越的才智非凡的人之一。科学院把选举他为非常驻院士看做是一种敬意，它授予这项荣誉称号绝非慷慨！

迪昂先生先前是高等师范学校的学生，在成为波尔多大学的理论物理学教授(1895)之前，他曾经是里尔理学院、接着是雷恩理学院的讲师。他出版的著作为数众多，且受到高度重视：《热力学势》(1886)，《流体力学、弹性、声学》(二卷，1891)，《电磁学教程》(三卷，1891～1892)，《论化学的力学基础》(四卷，1897～1899)，《热力学和化学》(第一版，1902；第二版，1910)，《物理学理论的来源，静力学的起源》(二卷，1905～1906)，《物理学理论的目的与结构》(1906)，《列奥纳多·达·芬奇研究》(三卷，1906～1915)，《能量学》(二卷，1911)，《宇宙体系：从柏拉图到哥白尼宇宙论学说的历史》(在出版过程中，自 1913 年以来已经出版了四卷)。

由于有这些著名的著作，下述事件纷至沓来就不会使人感到奇怪了：迪昂教授接受了克拉科夫大学和卢万大学的荣誉学位，成为荷兰哈勒姆科学协会会员，比利时皇家科学院院士，克拉科夫科学院院士，鹿特丹实验科学巴塔菲亚学会会员，威尼蒂亚科学、文学和艺术研究所研究员，帕多瓦科学、文学和艺术研究院院士，等等。

在我们放置在我们面前的这篇优美文章中，将把注意力聚焦在这样一个引人注目的公式上，迪昂先生可以说以此综合他的判断："德国人用铁制的紧身衣禁锢科学丰满的胸怀。"

一

存在一种德国的科学。它并非恰恰是德国科学家(scientist)[savants]所做工作的集合。进而,它通过若干确定的特征与其他 116
国家的科学区别开来。情况就是这样,尽管这些特征并非在德国首次问世的所有著作中都能找到,尽管人们间或在其作者不是德国人的作品中也能指出这些特征。

德国的科学的这些特殊标记能够精确地确定吗,能够从德国人智力的某些本质倾向推知吗?我们认为可以如此,我们在两个场合已经尝试证明了这一点。[①] 我们常常记起帕斯卡在直觉心智[l'esprit de finesse]和数学心智[l'esprit géométriqu]之间所做的驰名区分。在我们看来,似乎可以这样描述德国人的智力:在其中,直觉心智的严重欠缺容许数学心智过度发展。

这种欠缺和这种过度,如何引起推理科学、观察科学和历史科学在德国采取的特殊形式,我们在这里不需要加以重复了。我们绝不再次继续讲解已经完成的分析,而是更乐于希望看看,那种分析是否不够相当完备,它是否并不是以过于偏袒的样式处理的,它是否没有忽略德国的科学的一些基本特征。

不把那种科学的特性与条顿人的(Teutonic)理性品质和缺点关联起来,难道就不可能恰好同样地把这些特性与日耳曼人的

① [参见先前的论著"对德国的科学的若干反思"和《德国的科学》的四篇讲演,二者均发表于1915年。]

(Germannic)意志[volonté]品质和缺点联系在一起吗？不给出智力的说明，难道就不能够给予这一现象以道德的说明吗？

例如，人们会说：德国人是勤劳的；他为工作而热爱工作；他不仅仅在他所做的工作趋向目标时找到乐趣，而且也在工作本身中找到乐趣。因而，德国的科学不会从任何任务退却，不管任务可能多么艰巨或绵长。它擅于完成能够把有些人吓跑的工作：这些人畏惧漫长的、累人的任务，这些人偏爱通过短暂的、简单的路线达
117 到他们的目标。相反地，对为劳动而劳动的热爱，即对把劳动和劳动趋向的目标分开的劳动的热爱，往往总是驱动德国人追求庞大的、辛苦的研究，这些研究的目的[object]不值得为得到它必须花费的努力。他总是设法用一大堆无用的废物塞满科学领域。

德国人是细致的。在交托给他的任务中，没有他忽略的细节。这就是为什么当要求最为一丝不苟的精确性时，德国的科学就超越所有其他国家的科学。校勘的版本，饱学的研究，需要详细观察和清点[inventaire]而不遗漏任何项目的一切事情——这些就是它的偏好。另一方面，这种过分细致的意识会妨碍德国学者忽略实际上可以忽略的东西。他总是把他的缺乏远见的注意力如此仔细地盯在最微小的细节上，以致他将变得完全不可能一瞥而囊括整体存在并察觉它的结构。歌德说："德国人就所考虑的细节来说是有才能的，就所涉及的整体而言是让人哀怜的。"

德国人是遵守纪律的。使他感到高兴的是，他的每一个行为都会受到正规的和固定的规则支配。这样一来，在每一个研究领域，德国学者总是使他的行进方式最严格地符合他的研究必须遵循的方法。除了受他对确定性的关心支配的法则所容许的以外，

他不愿意经历以另外的方式更快行进的急躁要求。相反地，当发觉他所遵循的法则有不足之处，虽说这是因为法则不能预测手头的情况，或者因为它预见了截然不同的事情，此时他会显得异常笨拙和窘迫。没有一门科学甚至几何学会如此精确，以致当我们离开指派纪律控制的领域时，纪律没有变成不充分的或危险的。进而，他总是通过强词夺理的和严厉的条令，过分关心限制他的行为和其他人的行为。恰恰在于每一个人的主动性能够方便地甚或以极大的优势允许自由起作用的地方，他却想要它服从规则。当他 118
将强迫数学家利用某某记号，强迫化学家使用某某语言，强迫历史学家以某某样式引用他的参考书目时，那时他将深信，他完成了有用的任务。直到他把科学丰满的胸怀禁锢在铁制的紧身衣内之前，他是不会休息的。

德国人是顺从的。成为一个奴仆[homme ligé]对他来说似乎不是苛刻的。在找到喜爱的主人时，他乐于正式放弃他自己的意志。不仅仅是在政治上，可以说“德国人对他的党派领袖的忠诚是无私的，没有预想的或批判的观念，就像应当是发自喜爱之情的真心实意的忠诚”。[①] 德国人的门徒自愿地放弃他的特殊利益和他的个人抱负，以便服务于他为他的主人而献身的利益[profit]和声望。于是，人们看到，一些科学家在德国比在其他地方更经常地、更圆满地指导和协调众多的、忠诚的门徒工作。从他们艰辛的、有意识的合作中，除了完成他们的主人设想的工作和应该增进该学派及其领导人的荣耀外，他们别无所求。就这样，那些集体工作完

① Prince de Bülow, *La Politique allemande*, (French translation), p. 148.

成了，那些纪念碑竣工了，每一个国家的科学都从中获得巨大的好处，德国的科学也从中获得合情合理的自豪。另一方面，在德国学派中，门徒是如此习惯于仅仅通过主人的眼睛看待事物，以致他再也不能直接察觉真理。虽然最确定的证据把最明了的明显性授予某个断言，但是他总是不接受它，倘若它与他所接受的教导矛盾的话，或与俘获他的信仰的系统矛盾的话。以中世纪大学为背景，如此严肃且有时如此不当地产生的警句——长官本人说过（Magister ipse dixit）——在条顿大学的胸怀中享有帝王一般的统治地位。

119 于是，看来好像是，德国的科学的品质和缺点可以归诸德国人意志的基本特征。

二

如果我们想要周密地审查这个事态，那么可能变得显而易见的是，说明德国的科学的主要特征的这个方式似乎尽可能多地不同于我们首次阐明的方式。确实，人是一个统一体；在他的理性和他的意志之间存在和谐的统治，而且这个统一体建立相互影响。内心的一些品质或缺点能够使心智或多或少对于某种推理方式来说是适宜的。反过来，心智的特定模式使内心倾向于特定的德行，或拖曳内心远离美德。

例如，为了完美无缺地利用固定的演绎法的任何部分，人们必须不害怕费力的任务。这种方法借以行进的符号链条常常冗长得令人沉闷。太迅速厌倦的注意力能够很容易引起人们丢失它的序列。这种方法要求最细致的意识。最细微的错误，最细小的中间步骤[step]的缺失，足以完全毁坏证明的严格性，足以使推理过程转向推论的诸多错误。最后，除非人们耐心地使自己理性的全部运行服从十分精确的和固定的法则——不管它们是一般的逻辑法则还是人们希望展开的推论的特定理论的法则，否则就不可能实践演绎法。因此，由于他热爱劳动，由于他细致地注意微小的细节，由于他尊重纪律，德国人的意志最有利地倾向于数学心智的发展，这难道不清楚吗？

另一方面，直觉心智给予探究者以他的努力导向的目标的预 120
先看法和某种预示。当它允许探究者看到值得他的努力达到的目标时，它便激发这种努力。但是，在另外的方面，当它容许他怀疑他追求的目的不值得为得到它而花费努力时，它便劝阻并阻拦他。

直觉心智权衡将其本身呈交给理性的种种问题的长处。在这些问题中，它把那些要求注意解答的问题凸显出来。但是，对于许多其他问题，它猜测智力能够无须考虑地掠过它们，由于它们的重要性太微不足道了，以至不值得做出反应。

直觉心智感觉到，任何法则无论多么完善，都无法推广到所有可能的境况。它辨别那些尽力逃脱纪律的例子，因为遵循它会犯错误。追求真理直到每一个法则失效、每一个条令都未言明的那些区域，正是它的特权。

直觉心智把归因于对主人的尊重和归功于对真理的热爱区别开来。在主人的话会教给错误的地方，它能拒绝所接受的教导。它能够独自思想，能够发现人们没有教给它的东西。

因此，直觉心智极其健全发展的人，总是难以使自己顺从艰苦的、长期的劳动，这些劳动的目标在他的眼里没有保持明显的吸引力，这难道不明显吗？就他而言，对无论多么琐细的一切细节奉行一丝不苟的注意总是十分困难的，这难道不明显吗？他总是无法自愿地使自由意志的幻想屈从，以符合狭隘纪律的法则，这难道不明显吗？虽然他也许是柏拉图的朋友，但是他甚至在更大的程度上是真理的朋友，即使他不得不离开主人的学派，这难道不明显吗？缺乏直觉心智使德国人容易实践他们明显具有的德行，这不是很清楚吗？

这样一来，追溯德国的科学的纲要，我们能够接连选择两种观
121 点，它们是完全不同的，几乎是相互对立的。但是，在两种观点[desseins]之间，不可能找到不可还原的对照。完全相反，可以说，两种观点中的每一个都可以通过规则的过程和一种数学变换从另一个引出。

三

一种比较把它本身强加给我们的心智。

努力工作到这样的程度，即为工作而热爱工作，不是为可能伴随它的结果而热爱工作；在完成他的任务中，不忽略最微小的细节而达到谨小慎微的地步；在受法则约束时，找到他的愉悦而达到被纪律控制的地步；盲目而极其乐意地服从出自上级之口的一切命令而达到顺从他的地步：就其本性而言，德国人就是这样的人。但是，德国人的这些天生的品质不正好是宗教秩序强加给教士的德行吗？

害怕自由的和自愿担负的意志，需要把他的自由意志束缚于

长官的命令和法则的纪律，这说明在一个时期和同一时期把德国人本身驱使到集体的倾向，使这些条顿人群聚的特征十分类似于宗教团体。

当德国人构想任何联合的理想组织时，不管它在军队中、在政党中或在科学社团中，他都仿照十分严密管理的修道院的模型想象它。这种类似并未逃脱聪颖的德国人的察觉。冯·比洛亲王回想起施魏尼茨将军的这些话语："在地球上只有两种完善的组织：普鲁士军队和天主教会。"比洛附加说："只有在涉及组织之处，德国的社会主义也值得这样颂扬。"[①]

条顿人正确地判断，在被动服从领袖和一丝不苟尊重规划方面，他比任何其他人都更适合建立这种秩序。赫尔曼·迪尔斯教 122
授写道："德国人此时此地在这个地球上就是一座圣殿，秩序原则在其中获得庇护。"[②]德国人相信，这种秩序对每一个社会都是不可或缺的。如有必要，他梦想以武力强加它。这就是 W. 奥斯特瓦尔德教授在那些现在还驰名的话语中系统阐述的梦想："德国想把直到现在还没有加以组织的欧洲组织起来。我现在乐意向你们说明德国的一个大秘密。我们——或者也许更恰当地讲是德国种族——发现了组织的要素。当我们处于组织的社会制度之下时，其他人还生活在个体主义的体制之中。"

在对未来的梦想中，当奥斯特瓦尔德教授看到他向往的欧洲、被德国的胜利组织的欧洲时，他完全想要仿照莱茵河彼岸的大学

① Prince de Bülow, *La Politique allemande*, (French translation), p. 215.

② Hermann Diels, *Internationale Monatsschrift*, 1 Nov. 1914.

为之骄傲的庞大的化学实验室之一那样地装配它。在那里，每一个学生准时地、严肃认真地完成主任交托给他的工作的一小部分。他不商议他接受的任务。他不批评口授这个任务的想法。他对总是用同一仪器做相同的测量并不感到厌倦。他不觉得有任何欲望使他的工作出现某种变化，用他的惯常的任务交换附近某一其他学生所从事的任务。像一个与精密机械严密啮合的齿轮，他幸福地按照规则指明他应该转动的那个样子转动，而不关切这台机器生产的最终产品。借助这种天生的倾向，他以相同的方式生活在他喜爱的实验室，如同本笃会修士或加尔都西会隐修修士借助他的誓约生活在他的隐修院一样。

四

如果德国人的意志自发地以同一方式行动，犹如宗教修道僧
123 的意志通过自由选择而行动，另一方面如果在意志的行为和智力的行为之间建立和谐一致，那么我们就不应当惊讶，德国的科学与在修道院内部煞费苦心制作的学术呈现出诸多类似。

修道士没有在经院哲学和神学上垄断。在其大师中，经院哲学数出若干不受修道院誓约约束的教士。然而，的的确确，在遵守教规的教士中，经院哲学包括有它的最卓越的和最有影响的基督教神学家。它合情合理地引以自豪的是，多明我会修士、奥古斯丁修会会员和方济各会修士引用托马斯·阿奎那、罗姆的吉勒和约翰·邓斯·司各脱的名字。而且，在谈及作为处于其最佳状态的隐修院思想之经院哲学思想时，人们不可能误解。现在，永远存在更恒定、更狭窄地受演绎法准则引导的思想体系，即不诉诸直觉心智的直觉的思想体系吗？经院哲学本质上不像德国的科学所是的那样，是数学心智的工作吗？还有，德国的科学因之长时间保留经院哲学的词汇和步调的偏爱常常完全没有受到注意吗？例如，康德的推理和语言没有吐露笛卡儿、伽桑迪和马勒伯朗士的演绎或语言不再传播的经院哲学的强烈气味吗？

在17世纪，诚心诚意的和谨小慎微的博学变成圣毛尔宗教团体的信徒的品质。德国人对《圣经》等文献的考证校勘从他们那里接受了这一遗产，它以十足的激情培育和增强了该遗产。在一百年间，德国人的学术没有终止收集“本笃会修士的工作”。

以包括隐修院的忠顺在内的勤劳、细致、遵守纪律、顺从，德国人把在其中能够辨认出古老的隐修院学术的许多基本品质的科学给予世界。

五 124

德国人和宗教信徒二者都是勤劳的、细致的、守纪律的和服从的，但是他们并非以相同的样式如此。德国人凭借本能的倾向如此，他的本性把这种倾向强加于他的意志。宗教信徒凭借决心如此，他的自由意志通过决心会警告他的本性的难管束的部分。

从这一观察中，实际的结论浮现出来。每一个人只要他希望，都能够发展自发地驻留在条顿人内心的品质。这取决于我们每一个人以炽热的激情献身于我们的工作，一点也不忽略可以保证获得那项工作完美的事情，从来也不因为仓促或懒怠违反我们的工作必须遵循的准则，克制我们的虚荣并为共同任务的较大利益抛弃私人的一切好处。因此，赋予每一个科学家的工作以特权的，正在于他的能力之中，这种特权是德国的科学为之自豪的，它相信它本身是这种特权的独一无二的拥有者。

但是，当具有直觉心智特质的人自始至终自愿地献身于没有这样的心智的德国人天生拥有的事情时，前者相对于后者保持巨大的优势。获取那些不是天生的而是自愿的倾向向他敞开着，除非达到它们不再是美德、反而变成危险的缺点的那个时刻才关闭。

确实有益的是，人们本来应该热爱他们所做的工作，而不关心那项工作通向的目的。但是，这只能在下述条件下才能如此：有眼力的思考愿意把某些有用处的和有价值的目标分配给这样广泛的劳动。

确实有益的是，人们应该把细致的意识用于微小的细节，但是要在这些细微之处辨认出确实的判断的条件下，因此它们是值得费神去做任务。

125 确实有益的是，人们遵循在没有微小违背的情况为他们勾画的准则。但是，这只能在下述条件下如此：优于该准则的逻辑会把它在其下导向真理的境况与在其下导致错误的境况区分开来，并会留心清除错误。

确实有益的是，人们使自己谦卑地服从于领导人的命令，但是只有在下述条件下才服从：这位领导人是有才智的，足以始终辨认真和善，并且健全得足以总是要求它。

隐修院的严守时刻的组织，只有在秩序的准则由圣徒系统阐述并被充满智慧的院长监督的情况下，才是值得赞美的。

现在，没有机灵的直觉，所有劳动都是如此之多地被耗费的努力，或者是被耗费的领导人才智的和仁慈的自发性，没有机灵的直觉全部纪律都是可卑的奴役，德国人天生的品质适宜于产生所要达到的目标的机灵直觉吗？肯定不适宜。让我们向奥斯特瓦尔德教授承认——如果这使他合意的话，德国能够仿照以极度的精密性配置的机械图像组织世界。但是，他也许不能保险地构想这台机器应当完成的综合任务，或者不能保险地产生可以通晓如何管理它运行的天才的技工。

主人在仆人之上，建筑师高于工人。现在，如果德国人拥有一切必须服从的仆人和勤勉的工人，那么他的天生的品质根本不是主人或建筑师的品质。

像隐修院一样组织的实验室具有惊人的能力利用伟大的发现[découverte]，倘若实验室主任是一个富有灵感的发明家[inventeur]的话。但是，富有灵感的发明家从来不是、而且从来也不能是服从的和守纪律的心智。每一个发明都是反叛：是对它打破的准则的反叛，因为这些准则规定的东西是错误的；是对它逃
脱的方法的反叛，因为这些方法表明它们本身是无能为力的或虚 126
假的；是对主人的反叛，因为它扩展他的过分狭隘的教导，或者它推翻他的错误的学说。

于是，让我们以坚定的意志使自己致力于发展对工作的热爱，对细节的认真关切，对健全方法展示的准则的尊重，对伟大主人的指令的服从。借助这样的手段，我们可以在我们的理性中增强数学心智，可以确保我们的工作都具有可靠性、精确性、严格性和连续性——德国的科学本身正是为此而自豪的。

但是，让我们也务必谨慎使用和加强上帝赋予我们的直觉心智，因为当动摇传统的专制和为方法的严格提供柔韧性是合适的时候，这种心智的直觉注定要把机会给予我们。因此，由于打碎长期被禁锢的鸟笼的围栏，新颖的观念、自发的和独特的观念、法国人的观念，会完全自由地展开它的羽翼，起飞高翔。

索　　引

（索引中的数码为原书页码，本书边码）

附录

迪昂——在坎坷中走向逻辑永恒

李醒民

逻辑是永恒的,由于它能够忍耐。

——皮埃尔·迪昂

在庞大的劳动中,没有一个工作者浪费他的工作。并非那项工作总是服务于它的作者设想的意图:它在科学中所起的作用往往不同于他赋予它的作用;它占据了抑制这一切鼓动的造物主所预定的位置。

——皮埃尔·迪昂

在历史上为数不多的哲人科学家当中,皮埃尔·迪昂(Pierre Duhem,1861～1916)无疑是其中的佼佼者。他是法国著名的物理学家、科学哲学家和科学史家,是科学思想界一位至关重要的人物。他学识渊博,才干出众,论著丰硕,思想敏锐,影响深远。作为一位卓越的思想大师和写作高手,迪昂从大学二年级发表处女作起到早逝的三十二年间,共出版了二十二部(共四十二卷)著作、约四百篇论文,总计两万个印刷页,而且这些出版物没有一个是多位作者署名的(这与现代科学出版物众多作者署名形成强烈的对照)。这些出版物是迪昂以缜密的思维、系统的叙述、雄辩的论证、精妙的风格铸就的丰碑,经过漫长岁月的洗礼,它们今天依然是砥砺智慧的宝库和启迪思想的源泉,成为波普尔(K. Popper,1902～1994)“世界三”中的永恒之物,源源不断地给人类带来无尽的恩惠。

“谁云其人亡,久而道弥著。”迪昂的同胞、波尔多科学学会主席维茨(A. Witz) 1919 年 5 月 1 日在纪念文章中称颂,迪昂三十年来全心全意地投身于科学研究,做出了令常人难以想像的、富有成效的工作。他说:“迪昂的工作是庞大的,具有显著的深度和惊人的多样性。……后人将把迪昂列入我们时代最伟大的智者之中。”法国杰出的量子物理学家德布罗意(L. de Broglie,1892～1987)在 1953 年对迪昂做了全面的评价:“他是半个世纪前法国理论物理学最有独创性的人物之一。除了他的严格的科学工作——它们确实是杰出的,在热力学领域是显赫的——之外,他还获取了极其广泛的关于物理科学的历史知识,而且在对物理学理论的意义和范围做出诸多思考后,就它们形成了十分引人注目的见解,在众多论著中以各种形式阐述它。于是,作为一位有渊博学识的出色的物理学理论家和科学史家,他也在科学哲学中为自己赢得巨大的名声。”德布罗意得出结论说:

> 作为一位不屈不挠的工作者,在五十六岁就过早去世的皮埃尔·迪昂在理论物理学、哲学和科学史留下庞大的遗产。他严格的科学研究的价值、他思想的深邃和他惊人的博学多才,使他成为 19 世纪末和 20 世纪初法国科学最卓越的人物之一。

但是，由于迪昂不合时宜的政治观点，深厚而虔诚的宗教信仰，使人敬畏的科学才干和学术成就，正直坦荡的品德和独立不羁的个性，以及种种客观原因，他生涯坎坷，命运多舛，一生很不得志。虽然在他生前，马赫（E. Mach，1838～1916）、莱伊（A. Rey，1873～1940）等人也曾提及和讨论过他的思想，但总的说来，它们被一道无形的缄默之墙阻隔，致使在相当长的时间内被忽视、被遗忘。难怪迪昂的传记作者称迪昂为“不适意的天才”。在法国，迟至1932年才出版了一本研究迪昂的专著。1936年，迪昂的女儿埃莱娜（Helene Pierre-Duhem，1891～1974）在姑母玛丽的帮助下，撰写并出版了一本传记《博学的法国人：皮埃尔·迪昂》。此时此刻，在英语世界，对迪昂的思想还几乎没有什么反应。

在第二次世界大战前后，随着实用主义的兴盛和维也纳学派成员移居美国，迪昂开始逐渐引起美国学术界的注意。1941年，当洛因格完成他的哲学博士论文《皮埃尔·迪昂的方法论》时，他依据的全是法文文献，当时关于迪昂的英语文献几乎还是空白。1950年代初，随着奎因（W. V. Quine，1908～　）有影响的论文《经验论的两个教条》的发表，迪昂的整体论思想开始引起人们的兴趣。1954年，迪昂的经典科学哲学名著英译本《物理学理论的目的与结构》出版，标志着迪昂的思想正式进入英语世界。不过，这个时期比较全面、比较深刻的研究成果似不多见，以致米勒（A. G. Miller）在迪昂逝世五十周年发表的纪念文章还冠以“被遗忘的智者：皮埃尔·迪昂”。

进入1980年代，对迪昂的关注和研究渐趋活跃。这里有三件事值得一提。第一，自《拯救现象》英译本于1969年出版后，迪昂的主要著作《力学的进化》、《宇宙体系》(节译本)、《静力学的起源》、《德国的科学》的英译本相继问世。第二,斯坦利·L.雅基(Stanley L. Jaki)教授通过对迪昂原始文献的广泛研读和实地考察访问,完成了资料翔实的迪昂传记。该书于1984年初版,1987年重印,在学术界引起较大反响。第三,1989年3月,在美国弗吉尼亚工学院和州立大学举行了题为"皮埃尔·迪昂:科学史家和科学哲学家"的学术会议。与会的历史学家和哲学家以及其他对迪昂感兴趣的人,对迪昂的思想和著作进行了广泛而深入的讨论。会后,《综合》杂志于1990年分别以"作为科学史家的迪昂"和"作为科学哲学家的迪昂"出版了两期专辑。这也许是近百年来研究迪昂的最高峰。历史是公正的,逻辑是永恒的。历史和逻辑终于等到了迪昂!

一、为发现来到世上

迪昂的全名是皮埃尔-莫里斯-玛丽·迪昂(Pierre-Maurice-Marie Duhem),他的身体流淌着法国远南和远北地区的血液。迪昂的父亲皮埃尔-约瑟夫·迪昂(Pierre-Joseph Duhem,1825~1889)出生在法国最北端的工业城市鲁贝,他是八个孩子中的长子,从小就不得不中断学业,挑起家庭生活的重担。二十多岁时,他从法国南部的谋生地迁居巴黎,当了一名纺织品推销员。他具有鲁贝人的进取精神,天性又勤奋好学(他外出散步时手上总是带着拉丁语书籍),最终在巴黎站稳脚跟,开拓事业。

迪昂的母亲玛丽-亚历山德兰娜·法布尔(Marie-Alexandrine

Fabre,1834～1906)祖籍法国最南部奥德省的卡布雷斯潘小镇,位于有名的中世纪古城卡卡索纳东北四十千米处。她具有天生的文静气质,很有教养,谈话富有魅力,充满生气。他们于1858年结婚成家。

婚后三年,小皮埃尔于1861年6月9日降生。也许是幸福的父亲欣喜若狂,也许是出生之时夜色深沉,父亲在6月13日为小皮埃尔施洗礼时,把出生日签署为6月10日。整整三天,做爸爸的一直守护着新生儿,几乎没有合眼,只是偶尔打个盹。一年半后,家庭成员又扩大了,双胞胎妹妹玛丽和昂图安妮特于1862年12月5日诞生。小皮埃尔从此有了欢乐的小伙伴。

使皮埃尔难以忘怀的是,1865年母亲带他们去卡布雷斯潘旅行。青翠的山峦,明澈的流水,多石的溪谷,这一切都使皮埃尔着迷忘情。村民的善良,舅父的健谈,都给他留下了不可磨灭的印象,他后来把他对人类之爱的情怀归因于舅父这位迷人的健谈者的最初启蒙。

皮埃尔常和两个妹妹嬉戏。有时她俩揪着皮埃尔浅黄色的头发,而他一点也不叫屈。每逢此情此景,母亲总是慨叹:“皮埃尔,你实在太善良了!”皮埃尔并不是没有自己的意志,事实上当他长大成熟时,他表现出强烈的正义感和独立性。其实,即使在早年,他就显示出很有个性的迹象。当问及将来要干什么时,一般儿童的回答总是迷人的、典型孩子气的:“当教皇”或“做四轮马车驭手”等等。而皮埃尔的回答却与众不同:“当律师,这样我就可以讲许多话。”

1867年,皮埃尔开始在一家私立学校读小学。一开始,他的语言表达就特别清楚有力，数学问答也从未出错。使他感到十分高兴的是，1860 年代的每年夏天，全家都要从巴黎到凡尔赛大道中途，在两个森林公园中度过一段美好的时光。这里是画家的伊甸园和学生的游乐天堂。皮埃尔在河滩拣拾奇石和贝壳，在花丛中追逐翩翩飞舞的蝴蝶，或安静下来仔细观看画家绘画。小皮埃尔也是一个小画家，他外出时总是带着速写簿，画出的墨汁画令大画家感到吃惊。这个时期他专注于绘画和学习，在完成课业之余也喜欢采集各种标本。

皮埃尔出生、成长在法兰西第二帝国（1852～1870）和第三共和国（1871～1940）时期，这是一个政局动荡、战事时有的多事之秋。1870 年 9 月初，皮埃尔目睹法国军团行军纵队开到首都，以抵御占领色当的德军继续入侵。1871 年，他又亲身经历了巴黎工人武装起义的成功和失败。皮埃尔生活在具有浓厚天主教信仰和强烈保皇主义气氛的家庭里，从小就不欢迎剧烈的社会变革和无休止的动乱，但是他也理解社会底层民众被剥夺的悲惨处境。他的深沉的正义感和正直的性格，促使他后来赞美巴黎公社的一位领导人，因为这位领导人廉洁奉公，拒绝搬到豪宅居住。

父亲希望皮埃尔到国立大学预科（公立中学）读书，这样不仅著名高等学府承认学历，而且也能减轻经济负担。但是，母亲不愿意他去反教权和世俗化的公立中学上学，坚持选择一所天主教学校。就这样，皮埃尔在 1872 年秋进入斯塔尼斯拉斯学院学习。

皮埃尔在学校找到了他心灵的指导者塞居尔（S.-G. Ségur）阁下，这是一位过着圣徒一般生活的有名望的主教，他后来也成为皮埃尔母亲的心灵的咨询者。是年 10 月的一个夜晚，皮埃尔一到家就凯旋似的宣布:“我选择了主教!”他指的是,从适合于做学生的忏悔教父的教士名单中选中了塞居尔阁下,学生要以四天敬修开始新的学年。当时校方以口头或书面通知:忏悔完全是每一个人的自由决定。

1872年9月30日,皮埃尔的小弟弟让出生了。然而,全家的幸福是短暂的。在潮湿阴冷的11月,白喉在巴黎流行肆虐,让在患病三天后不幸于11月15日夭折。真是祸不单行,妹妹昂图安妮特也染疾在身。皮埃尔和玛丽不得不投奔外婆家躲避瘟疫。11月24日,还不满10周岁的小妹妹也离开了人世。剩下的兄妹俩悲痛万分,他们不知道两个还不会独立生活的弟妹的灵魂飞向天国后怎么过活。在那些令人心碎的日子里,做哥哥的皮埃尔关怀、亲近和鼓励妹妹玛丽,使她脸上露出笑容。她后来到修道院当了修女。

在斯塔尼斯拉斯,作为行为准则的纪律建立在使徒保罗的名言——所有权威来自上帝——的基础上。准则的精神是“秩序、工作、驯顺、正派、虔敬”,对秩序的爱本身被描述为“上帝之子的特征”。这些纪律并不阻止孩子们在教室内外嬉戏和玩耍。这些准则的精神却在皮埃尔的思想打上永不磨灭的烙印,在他以后的生涯中,我们似乎时时可以窥见这些精神的印记。

皮埃尔的家庭十分投入地参与了宏大的国民朝觐,他本人也卷入法国君主主义者最后的异常欢快之中。即使在第三共和国已经建立数年后,他在学院流传的问题调查表上还自称是“保皇主义者”,尽管斯塔尼斯拉斯并不是君主主义的大本营。皮埃尔一家的理想的保皇主义具有深刻的伦理方面的弦外之音:民主政体在实践中毁坏了所有原则，煽动了“时代的邪恶”，这样的证据俯拾皆是。皮埃尔敏锐地认识到，邪恶必然是在人的自我内首先发作的，这也许是他比许多所谓的改良民主主义者在德行上更为健全的一个原因。皮埃尔对宗教的信仰十分虔诚，对宗教大师十分尊重，但是他无论如何不是一个执拗的人或传道士。他从未用说教布道，他仅限于以榜样布讲。

皮埃尔对双亲特别孝敬，很有礼貌。妹妹玛丽看到，十多岁的皮埃尔受到父亲训斥时，总是恭顺地低下头。母亲教他要自律和自制，要宽恕妒忌的、多疑的和带有敌意的人。但是皮埃尔要完全控制自己着实不易，因为他的勇气远远超过他的单薄的躯体，他认准信念后敢说敢干，永不畏葸。他的同学雷卡米耶(J. Récamier)回忆说：“从儿童时代起，我就在皮埃尔身上注意到那种个性的独立，他一生的其余时光都保持着这种独立性。皮埃尔意识到他的理智能力，但他并不卖弄它。我比他差得多，但他从未说过一句有可能在这方面伤害我的话。”

皮埃尔的学习成绩总是名列前茅，但这并不是在牺牲自由活动的情况下取得的。他建议青少年不要整天黏在书桌上。他在课余读亚里士多德的著作，他花时间参观万国博览会。他特别喜欢散步，即使下瓢泼大雨，也不能阻止他外出。每逢夏季，他或去海边消夏，或去巴黎北部的乡下避暑。在海边，他参观11世纪的教堂，收集软体动物标本。正是在这里，他不幸于1877年得了风湿病，从此痛苦的胃痉挛折磨了他一生。在乡下亲戚家，他成了“孩子王”，白天带领一群孩子旅行，晚上组织一些“恐怖”游戏，以锻炼他们的勇气和胆量。皮埃尔在家里经营着一个美丽的庭院，那里培育和栽种着各种植物。他也在显微镜下追踪真菌的繁殖，并以精湛的技巧和令人赞叹的精确性逐一画出生长期的图样。这不禁使人猜想，如果他把生物学选做奋斗的目标，凭他的才干和对自然史或博物学的爱好，他肯定也会在研究中找到自己的道路。

斯塔尼斯拉斯学院有不少一流的教师，使皮埃尔·迪昂终生受益。历史教师孔斯(L. Cons)是广泛使用的历史教科书的作者，孔德(A. Comte，1798～1857)实证论的拥护者。他把革命看做是充分达到理想的工具，但又认为所有特权现在都被废除了，没有理由开始新的革命，任何扰乱现有秩序的人都不是好公民。孔斯对中世纪并不热情，他指出中世纪的体制只服从于它们的目的，而不能妥善对待新事物。但是，孔斯把居维叶(G. Cuvier，1769～1832)、安培(A. M. Ampère，1775～1836)、阿拉戈(D. F. Arago，1786～1853)等科学家作为当代史的代表，赞赏阿拉戈拒绝效忠拿破仑三世(Napoleon Ⅲ，1808～1873)，而后者仍容许阿拉戈任天文台台长，这必定给迪昂留下印象。在孔斯这位激励人心的教师的影响下，他一度曾考虑做一个历史学家。但是，孔斯的禀赋未敌过四个非同寻常的数理老师，也未压倒迪昂对科学的钟爱之情。迪昂承认，他正是在马莱克斯(Maleyx)、瓦泽耶(E. Vazeille)、穆捷(J. Moutier)和比厄莱(C. Biehler)的感召下献身科学的，尤其是穆捷的言传身教，使他更钟情于物理学。

马莱克斯教微积分引论，课程进度快，内容充实丰富，十分强调数学推理的严格性和精确性。他对代数根理论有独创性贡献，但很谦虚，偶尔讲到这个领域的发现时也不提及他自己。他像是猛烈的引发剂，能随时激起听讲者的兴趣和热情。他的精力充沛的、富有特点的剪影，也为迪昂这位漫画家提供了无法抗拒的诱惑。

瓦泽耶教高等微积分，教学完美无缺，板书整齐漂亮，是真正的美的杰作。迪昂在1905年生动地回忆起这几位老师的教学：

> 雅致的词语是瓦泽耶乐于宣讲的东西的词语。它肯定地概括了他的教学的特征。他的课程是真正的艺术品。构成它的每一章都是用爱心雕琢的。代数方法和几何方法依次使用，仿佛是功能和技艺上的相互竞争。人类精神正是借助这两种程序辨认出数学真理的，二者之间的这种竞赛使理论以完美的平衡的对称展示出来，从而排除了千篇一律的单调。这种雅致从不装模作样！绝对的明晰性，理论的无瑕疵的有序，在所处理的问题的真正本性中，在这位教授把握这种本性的明察秋毫的直觉中，都有它们的存在理由。人为的简单化，唯有成功才是正当的过分容易的步骤，在斯塔尼斯拉斯的高等微积分班级中是不容许的。瓦泽耶毫不放松地断言，普遍的方法总是最直接的、最简洁的和最简朴的，倘若人们知道如何使用它的话。他解决最困难的问题的容易程度证明，他使自己成为倡导者的那个原则是正确的。

穆捷在圆形阶梯讲演厅讲物理学和化学。当学生正襟危坐，一片寂静时，穆捷总是感到不带劲。但是，一旦当四周围坐的学生像罗马竞技场上的观众被激发起来时，这位老师和思想家便处于最佳竞技状态：

> 在达到沸点的听众面前发表演说时，他的讲课因其简洁、精确、扼要而显得神奇。没有一个证明未被简化为绝对必需的命题。没有一个定律的阐明未采取绝对严格的形式。几个极其有节制的词汇就充分使假设、使具有可疑数值的实验步骤变得谨慎。形成他的学生的批判意识就是穆捷向他自己设定的目标。

穆捷在法国开拓了吉布斯(J. W. Gibbs，1839～1903)的热力学，对德、英关于该课题的文献了如指掌。他在课外情不自禁地给迪昂辅导热力学，并讲述把法国化学家分为两个阵营的痛苦斗争。迪昂获知，较年轻的群体的头儿是贝特洛(M. Berthelot，1827～1907)，他以苯和酚的合成而闻名，但是在穆捷看来，他对法国化学的未来是一个坏兆头。

比厄莱是准备升入大学的预科的校长。他在讲课中说明前一天的代数理论或微积分的某个方面时，“总是相同的声音，总是无缺点的措辞，极其严格和十分雅致地提出证据。现在，他的讲演进入到正式的话题，他向我们展示出超越熟悉见解的、在我们眼前闪耀的新真理的无限领域，科学的无限光彩。”但是，也有一些蔑视这种理论化的人，迪昂称其为“功利主义者”。迪昂和他的同学都明白，他们的校长牺牲了十分有前途的数学生涯，而致力于领导工作，为的是使青年人成为“基督徒和大写的法国人”。

在这些优秀的老师的熏陶下，迪昂养成了他的智力追求的特点，这就是秩序和自由。他从未对功课感到吃力，从未在临考前死记硬背抱佛脚。他的学习安排很有规则性，总是显得胸有成竹、游刃有余。据雷卡米耶回忆，迪昂书写整齐，没有涂抹之处，他把这个好习惯保持了一生。他画的地图是艺术品，尽管那是草图。他学习什么从不浅尝辄止，总要打破砂锅问到底。从中学时代起，迪昂对雷卡米耶收集的软体动物发生兴趣，想把它们分类并画出图样。在一个时期，迪昂似乎更热衷于自然史方面而不是数学和物理学，常去自然博物馆，把他收集到的标本——从矿物到蜥蜴——与博物馆的展出标本进行比较。在中学最后一学年，他在写哲学课的作业时完成了一篇论幸福的文章，该文表明他早就注重推理的严格性。他从理性和经验两方面分四层展开论证，证明幸福是人的目标的命题。他的结论是："因此，有必要使精神摆脱偏见，与坏倾向作斗争。"

1870年代，第三共和国当局在法国各级学校大力加强爱祖国、爱军队的教育，普遍开展军事训练，为的是激发爱国主义，为1870年普法战争的战败报仇雪耻。迪昂因在军训中表现优秀而获大奖。他后来回顾共和国警卫队士兵时，赞颂他们具有"同样简朴而雄伟的思想情操：强有力的忍耐力，对纪律的尊重，对旗帜的崇敬"。

在斯塔尼斯拉斯，迪昂先后获得五次奖学金，六次荣誉表彰，并作为学校代表参加了四次竞赛考试。迪昂的同学都敬佩地认为，迪昂是"为做发现而来到世上的人"。每当迪昂被叫到中央讲台回答问题，圆形讲演厅顿时鸦雀无声，大家都想静听他的妙趣横生的答案。迪昂的低年级同学、后来成为迪昂亲密朋友的若尔丹

(É. Jordan)评论迪昂时说:“请牢牢地记住你们的同志的名字。他将在某一天成为名人。”

迪昂在 1878 年 7 月和 1879 年 7 月分别获得文科业士和理科业士,接着完成了两年的大学准备课程,到 1881 年 7 月已从学院提供的所有科目中获益。迪昂的父亲想让他报考综合工科学校,这样毕业后能在纺织行业中占据一个收入丰厚的职位,他父亲的一位好友早已打过保票。但是,迪昂有自己的主见和独立性,他太热爱数学和物理学了,而且对当教师很感兴趣,早就把巴黎高等师范学校作为他的鹄的。1881 年春,迪昂因患病未能参加高师入学竞争考试。校方让他做了一年助理教师,这个职位在 11 月 29 日正式得到公共教育部的批准。部里正式为他立档,它成了迪昂生涯的宝贵的信息来源。迪昂在 1882 年 2 月 22 日向公共教育部提交了履历表,其中列举了一大串获奖项目,奖项之一是法国科学协会 1881 年颁发的化学奖。履历表的结束语这样写道:“我的愿望是,在高等师范学校,尤其献身于物理科学和化学科学。”上司对他任职的最初正式评语是,他“只是要做高等师范学校的候选人,具有坚持不懈和坚定不移的使命感,在自然科学方面处于第一流,具有诚实的性格、杰出的思想和健全的判断力”。

巴黎高等师范学校每年从全国各地最好的几乎一千名学生中招收四十名(理科二十名,人文二十名),考试极其严格。迪昂经过激烈竞争,以理科第一名被录取。1882 年 8 月 4 日,他收到公共教育部的正式通知书。尽管结果在他预料之中,但他还是春风满面,心往神驰。一只矫健的雏鹰就要起飞了!

二、高等师范学校的高才生

二十一岁的迪昂满怀憧憬地跨进了高等师范学校的大门。这所知名的高等学府是在法国大革命(1789 年)后不久(1794 年)成立的,多年来为法国培养出许多杰出的文科和科学教师。该校的国际声誉主要来自化学家和微生物学家巴斯德(L. Pasteur,1822~1895)。巴斯德是 1840 年代中期的高师学生,1857 年任高师教授,当了十年校长(1857~1867)。巴斯德肯定对迪昂具有强大的吸引力,因为迪昂一直对自然史和生物学兴味盎然。

迪昂入校时,校长是法国著名历史学家、用科学方法研究法国史的首创者菲斯泰尔·德库朗热(Fustel de Coulanges,1830~1889)。尽管他按照政府反教权的旨意把学校的小教堂用作教室和储藏室,但这并未妨碍迪昂赞美他的校长。菲斯泰尔主张研究历史要保持完全客观,不使用第二手材料,对原始资料也要持批判观点,这一切在多年后对迪昂的编史学纲领产生了举足轻重的影响。

在高师,迪昂每周都能见到中学老师穆捷,他作为化学实验室的客座研究员常来这儿。在 1882~1885 年间,实验室主任是德布雷(H. Debray)和热尔内(D. Gernez)。这二人也是迪昂的化学导师,曾敦促迪昂去巴黎大学选修课程。迪昂在巴黎大学听了原子论支持者维尔茨(C. A. Wurtz,1817~1884)的课程,也听了法国数学大师埃尔米特(C. Hermite,1822~1901)和正在升起的数学新星彭加勒的讲课。迪昂在高师也有数位杰出的数学导师,如塔内里(J. Tannery)、阿佩尔(P. Appell)和皮卡尔(E. Picard)。在物理学方面,迪昂对导师贝尔坦(E. Bertin)也比较惬意,不过这位早年的军官兼总工程师像当时的许多物理教师一样,都对理论物理学颇有微词。高师这个文理兼备的学校给具有各种才能和专长的教师提供了显露身手的机会,也给学生提供了广阔的选择余地和自由的发展空间。在1880年代,高师开设了从文学、历史、哲学、社会学到精密科学和自然科学的各种专业课程,各种新知识和新思想相互砥砺和渗透,迪昂正是在这样有利的智力环境中脱颖而出的。

作为入学考试第一名的迪昂,一直是高师的高才生和优秀生,其他人也没有想到或希望争夺他的智力优势。迪昂在高师的一位同学乌勒维格(L. Houllevogue)在1936年回忆说:"当我们作为学生进入高等师范几乎还是生手时,……迪昂已经是充分发展的人了。他的特性和智力已经获得了确定的形式。他知道他会给世界什么新真理。"曾经和迪昂同学和同事过的著名数学家阿达马(J-S. Hadamard,1865～1963)在1928年回忆说:迪昂早在进入高师之前,就具有献身物理学的志向和禀性。当他成为物理学家时,他只想保留物理学家的头衔。当时同学们都感到物理学有些死气沉沉,罕见有人爱好它,尤其是处在第一流的数学家埃尔米特、彭加勒、达布(J-G. Darboux,1842～1917)以及塔内里的教导和关照之下时。但是,早慧的迪昂却卓尔不群。其实,即使就对数学的热情而言,我们之中

没有一个人觉得这种热情比迪昂的更圆满、更深沉,

> 他的知识确实是无所不包，正如大家知道的，他也能够成为生物学家，就像他能够成为数学家和物理学家一样。在自然史方面，他十分博学，只要花稍多一点气力，他就能够方便地把他关于隐花植物的有独创性的研究构成一个整体。……我感到他对埃尔米特和彭加勒的天才发生了共鸣，他比我们当中那些尤其专注数学的大多数人更紧密地追踪他们的工作。但是，一般而言，他熟悉数学家的所有伟大思想，即在当时富有成效的思想。

在高师，迪昂的兴趣和阅读书籍十分广泛。对于考试来说，这种学习方式并非总是最为有利，有时甚至还要冒风险，但却为他日后多方面地展示才华打下了坚实的基础。他赞赏科学家和文人的多渠道接触。他也有一批志同道合的朋友，比如科学道德学会的同僚德尔博斯（V. Delbos），此人对康德（I. Kant，1724～1804）和斯宾诺莎（B. de Spinoza，1632～1677）素有兴趣和研究。迪昂十分迷恋帕斯卡的思想，他沉浸于帕斯卡的《思想录》，为其虔诚而深沉的精神所征服。

从1880年代起，第三共和国发起日益全面而致命的战役，以便使法国摆脱教权主义的控制，一劳永逸地剥夺天主教的所有智力功能和社会地位。在这场战役中，贝特洛起到意识形态权威的作用。到20世纪伊始，该战役在法国各级学校和医院几乎取得决定性的胜利。在此期间，高校学生在关于国家和教会的观点方面受到仔细监视，当局希望这些知识精英能成为共和国意识形态的斗士，“作为革命的女儿的大学要教革命”被视为天经地义。迪昂毫不掩饰的天主教信仰，根本不会赢得公共教育部官僚们的好感。

迪昂对基督的虔敬是不掺假的，他照例星期天到教区教堂做弥撒，继续致力于慈善事业。他过去没有炫耀他的宗教信仰，现在也没有试图去隐瞒它。他觉得没有必要进行有组织的“捍卫”或“反抗”，他以内心的沉静和健全的才智抵御形形色色的挑战。他也意识到高师已转变为空谈共和主义和社会主义的堡垒，二者都在某种类型的科学主义中寻求支持，从而使迪昂钟爱的物理学理想具有意识形态的负荷。在迪昂看来，物理学仅仅是实验材料的数学体系化，它无法像科学主义要求它的那样，成为本质上是哲学的或神学的争论的仲裁人。迪昂关于物理学自主性的思想也许此时就萌生了。

星期天对迪昂来说，也是消除一周疲劳的放松日子，他常在雷卡米耶的陪同下到远处的小湖旅行，或扬帆航行，或用墨汁速写。1880年代初，在当时著名画家雅莫(I. Janmot)的建议下，迪昂加强了绘画的精确线条，但是他对轮廓明暗强度的爱好反映了他的坚定性和阳刚之气。他的一些风景速写画被数学老师塔内里郑重地悬挂在办公室的墙上。迪昂忙于学习和研究，他没有时间观看甘必大(L. Gambetta，1838～1882)和雨果(V. Hugo，1802～1885)的国葬，但是他很可能在1886年6月初观看了自由女神像——这是法国送给美国独立一百周年的礼物——的装箱启运。1887年春，埃菲尔铁塔四个基础的奠基仪式也可能吸引了他。

1884年12月22日，迪昂在埃尔米特的引荐下，向科学院提交了一篇短论“热力学势和伏打电堆”。该短论标志着迪昂在高师的智力发展和必然成为一名理论物理学家的前奏，标志着他在科学界崭露头角。高师三年级的学生登上科学院的著名论坛，这本身就是一个令人惊讶的奇迹。从一开始，迪昂就熟悉和精通当时世界一流物理学家的最新出版物。对于欧美大多数物理学教授来说，吉布斯还不大为人所知，而一个黄毛小青年就向科学院报告了无论吉布斯还是亥姆霍兹（H. L. F. von Helmholtz，1821～1894）都没有充分提供的关于热力学的普遍信息。这是一个惊人的宣布，因为亥姆霍兹已举世闻名。正如迪昂所表明的，虽然亥姆霍兹对伏打电堆的说明与实验证据一致，但它绝不是严格的理论。

宏伟的设想允许迪昂提出一种新理论，这在某种意义上变成他最基本、意义最深远的发现。迪昂当时径直把它命名为“热力学势”，并宣称“这篇短论开头阐明的基本理论变成热力学第三原理”。这篇具有真知灼见的短论，推翻了用反应热作为自发化学反应标准的所谓最大功原理，并按自由能概念严格定义了标准。受贝特洛支持的一位年轻研究者读了迪昂的短论，贝特洛获悉此事后不能不感到危若累卵。因为十余年间，至少在法国，“热力学第三原理”的表达是与贝特洛的名字紧密地联系在一起的。当时，贝特洛是法兰西学院化学教授，是化学界无可争议的主宰者。他从1863年起就成为科学院院士，十分热衷于用政治权力干涉和控制学术。1886年，他热切地接受了公共教育部长要职。在贝特洛看来，他在1873年详述的第三原理，是他的最重要的科学成就，是他的神圣不可侵犯的宝物。它之所以在长时间未受到批判和挑战，部分原因在于许多（尽管不是全部）化学变化似乎服从它，部分原因在于贝特洛的强有力的学术地位和政治权力。不过，即使在法国，人们从某个时候起就知道，丹麦化学家托姆森（H. Thomsen，

1826～1909)早在贝特洛之前二十年就阐明了该原理。熟知内情的人必然感到,年青的高师学生的当头一棒远远超出了关于优先权的声名狼藉的争论,它沉重地打击了原理本身。迪昂在短论结束时宣布,他不仅有充分证据证明该原理根本不适当,并正在广泛地用某些更好的东西代替它。对于迪昂的“胆大妄为”,贝特洛大为光火,他耿耿于怀,随时准备伺机报复,让这个乳臭未干的“愣头青”尝尝他的厉害。

在 1885 年新一年的科学院第一次会议上,迪昂在埃尔米特的庇护下又提交了关于电磁感应的短论。这篇不到三页的短论充分表明,迪昂具备必然变为理论物理学家的智力特征。迪昂在结论中说,人们能够看到“热力学阐明了电动力学定律的有争议的问题”。这种新观点不仅在于从热力学势推出作为特例的最新电磁实验发现的可能性,而且表明电磁感应“独立于关于电流本性的假设”。

同年在《理论物理学和应用物理学杂志》发表的“论光谱线的倒逆”,明确显示出迪昂对相关权威文献毫不畏惧的批判审查,对自己的洞察充满信心。文中感激地提到他所热爱和尊敬的中学物理老师穆捷。迪昂用具有头等重要性的“虚速度”概念阐明了所谓的理性力学(rational mechanics),指出热力学不仅有助于填充力学不能填补的空隙,而且也能“解放物理学从分子吸引假设中获取的那部分东西”。他赞赏地引用了穆捷的出版物,但同时充分意识到他的思考的独立性和独创性。

巴斯德 1864 年创办《巴黎高等师范学校科学年鉴》,它不久就赢得国际性声誉。就在 1885 年,迪昂以“高师学生”的身份,接连在其中发表了两篇大论文。由于这样的身份是为毕业的杰出校友和教授保留的,因而文章的刊行曾引起不小的轰动。四十八页的"热力学对毛细现象的应用"具有卓著的科学价值,它以其内容之新和篇幅之长而格外引人瞩目。二十页的"论热力学对于热电和温差电现象的应用",讨论了热力学势的成功运用。

这些短论和专论开迪昂物理学研究之先河,从此源源不断的论著从他的大脑和笔头喷涌而出。这些研究也展示了迪昂这位理论物理学家终生追求的理想:分析的充分严格性,尽力避免荒谬的假设,结论的普遍性,表面分开的各物理学分支的牢固统一。他从高师岁月起就深信,物理学概念或理论的历史概观是实现这一理想的组成部分。他的长篇论文的结论段落也清楚地表明,迪昂这位理论物理学家要求物理学史的支持,他的论文中就有历史的回顾。正是迪昂对历史关联不可或缺的坚定信念,使他在二十年后,在大量被遗忘的书中,窥见到被文艺复兴时期的作者隐蔽提及的不引人注意的中世纪人物的重要性。这位既未轻易采纳也未试图怠慢这些隐秘的物理学家,自然而然地成长为物理学史家。

就在向科学院提交第一篇短论的前两天,即 1884 年 12 月 20 日,迪昂向巴黎大学提交了关于热力学势的博士论文,其中包含后来以吉布斯-迪昂方程而闻名的珍宝。数学教授塔内里和高师管理科研的副校长激励迪昂这样做,因为这位高才生的水平完全达到了博士水准,尽管他还是三年级学生。

刚出茅庐的年青人万万没有料到,这一顺理成章的举动却是他一生厄运的肇始。在复杂的人事纠葛面前,塔内里敏锐的学术判断也碰了壁。迪昂博士论文的主考委员会由三人组成:主席是李普曼(G. Lippmann,1845～1921),他有多种仪器发明,因发明彩色照相荣获1908年诺贝尔奖;其他两位成员是埃尔米特和皮卡尔。李普曼在次年6月12日提出一份完全否定的报告。他说论文作者误解了克劳修斯(R. E. Clausius,1822～1888)公式的真正意义,而且也忘记了克劳修斯为它的可靠性而做的实质性保留。他还认为,该论文对他先前的老师基尔霍夫(G. R. Kirchhoff,1824～1887)做了错误的诠释。更糟糕的是,他甚至武断作者计算的所有结果毫无价值。

李普曼的结论严重缺乏客观性。事实上,他也缺乏必备的评价资格,因为他主要是一位实验物理学家,这从他1886年在巴黎大学以理论物理教席交换实验物理教席可以窥见一斑。明眼人不难看出,迪昂的博士论文使李普曼也感到威胁,因为它远远优于李普曼在他的专著中所建构的热力学。尤其是,李普曼是贝特洛的亲信,可以肯定地设想,他让贝特洛读了该论文。贝特洛不会容忍这颗新星升起,因为迪昂是有礼貌地、然而却是彻头彻尾地使他心爱的"最大功原理"丧失信誉。李普曼显然是秉承贝特洛的旨意这样做的,并且他不会担心受到挑战,因为答辩委员会其他两位成员是纯数学家。埃尔米特没有足够的精神境界冒险提出异议,刚刚开始攀登学术阶梯的皮卡尔的缄默似乎难以使人理解。当李普曼把论文和评语交给迪昂时,他们两人均不在场。迪昂沉静地回答李普曼说:"好了,(既然情况如此)我将不提交另一篇物理学论文了。"

面对这一令人作呕的"学术丑闻",迪昂不甘示弱,他为捍卫真理挺身而出,把个人得失置之度外。他认为,不管谬误在哪里出

现，都要无私无畏地与之斗争，这是基督徒的重要职责之一。于是，他把论文手稿交给巴黎一家有国际声望的科学出版社的A.赫尔曼。1886年秋，题为《热力学势及其在化学力学和电现象理论中的应用》的专著，以"科学创新"丛书之一出版了。在这部二百五十八页的早慧著作中，迪昂用热力学势逻辑相关地阐述了下述现象：温差电、热电现象、理想气体的混合和液体的混合、毛细现象和表面张力、溶解热和稀释热、在重力场和磁场中的溶解、饱和蒸汽、离解、复盐溶液的冰点、渗透压、气态的液化、带电系统的电化学势、平衡的稳定性以及勒·沙特利耶(H.-L. Le Chatelier，1850～1936)原理的推广。在这个综合性的研究中，他汲取了吉布斯和亥姆霍兹的成果，运用了分析力学的方法以及法国人马西厄(J. D. Massieu)的特征函数相关的两个自由能函数，并在此基础上加以扩大和深化。这部著作是迪昂许多非凡的、天才思想的显露，标志着他未来研究的总方向。书中直接指明批评贝特洛的地方并不多，对李普曼的批评更简短，甚至还有公正地称赞贝特洛之处(当然不是称赞他的"第三原理")。但是，为了保持教育部长的尊严，贝特洛还是无理地发号施令："这个年轻人将永远不能在巴黎教书。"

在高师的岁月，对迪昂具有经久不衰吸引力的是，巴斯德通过坚忍不拔的努力和扎实严谨的工作，终于在1885年为人类提供了抗狂犬病的疫苗。在第三学年，迪昂极有兴致地追踪巴斯德的研究工作，巴斯德本人也物色了有才干的助手。在1885年夏初大学毕业后，迪昂获准在母校度过两个学术年度，他成为巴斯德的主要候选者。巴斯德强烈坚持，迪昂应该到他的实验室负责细菌化学工作。迪昂有些犹豫不决，在雷卡米耶的催促下，迪昂经过几天慎重思考后决定出任，在巴斯德的系里干了一整年。

在第一个学术年度，他向杂志投寄了三篇论文，向科学院提交了两个短论，出版了他的博士论文。在第二个学术年度，他在校长的劝说下，参加了大学教师任职资格考试。1886 年 10 月 20 日，他被正式任命，年薪两千四百法郎，由高师提供膳宿。尽管他为准备考试花费了不少时间，但依然研究成果累累，发表的文章共十七项，而两年的出版物，总计超过六百页。迪昂在 1887 年评论麦克斯韦(J. C. Maxwell，1831～1879)的《电磁通论》的法译本时写道："也许麦克斯韦著作的(法国)读者将会遗憾，在那里缺乏法国物理学家的明晰性和德国几何学家的严格性；可是，英国数学家的方法迫使他通过以不同于他习惯的方式，有时以与他的习惯相反的方式再追溯电的主要理论，而帮助他发现新结果。"这也许是一个信号：要知道，在二十年后，迪昂对各种精神类型进行了饶有趣味的分析。

作为未来的大学教师，迪昂与荷兰物理化学家范托夫(J. H. Van't Hoff，1852～1911)通信。在 1887 年的文章中，他对范托夫渗透压进行了批判性分析。范托夫在给迪昂的信中承认，用热力学势能更简单地达到所描述的渗透压的关系。迪昂的另一篇论文处理了居里(P. Curie，1859～1906)的压电性，发现了处于不同温度下在电气石晶体各层内建立平衡的机制。这一切成就，必定会使那些贬损他的人感到尴尬。

尽管迪昂为教物理学在竞争考试中赢得第一名，尽管他的文章接二连三地发表，尽管迪昂想留在巴黎施展他的才华，但贝特洛大权在握,他的话就是金口玉言。迪昂最终被发配到里尔(Lille),他心情沮丧是可想而知的。他也意识到,这也许是终身流放的开始。

三、里尔的流放和雷恩的发落

1887 年 10 月 13 日接到任命后,迪昂于月底从巴黎乘车到里尔赴任。从七年前开始,第三共和国忙于使里尔成为世俗化的堡垒。该战役是由两度出任政府总理的费里(J. Ferry,1832~1893)发动的,那时人们常称他为“世俗化的鼓吹者”。迪昂与里尔的许多人一样,坚决反对费里的政策。但是,为了实现他庞大的科研抱负,他还是采取尽量避开政治的策略。不过,一个正直而虔诚的基督徒要不越过当局划定的可笑的分界线,该有多么困难。

迪昂以对学生负责,对工作尽职,对科学热爱的态度投入教学。他起初做讲师,后来当助理教授。他先后开设过电磁理论、流体力学、流体动力学、弹性学、热力学、晶体学、化学力学等课程,一丝不苟地准备讲义。他的讲义像论文一样明晰,书写均匀漂亮,几乎没有涂改的痕迹,甚至可以直接拿去排版印刷。他讲物理课具有数学课的精确性和严格性,并不时夹有历史回顾和哲学评论,既引人入胜,又启发思考。在迪昂的努力下,里尔大学的物理学教学终于能够达到第一任理学院院长巴斯德 1854 年提出的高标准:“当一个人是第三时,他必须变为第二;当一个人是第二时,他必须变为第一;当一个人是第一时,他必须依然是第一。”

迪昂的学生马尔希斯(L. Marchis)后来在给迪昂女儿埃莱娜

的信中，回顾起他老师的讲课：

> ……（讲课）是奇迹般的，向我们打开了未曾料到的视野。我们的老师不仅是一流的渊博学者，也是无与伦比的普及者。他知道如何在不牺牲精确性的前提下阐明基本物理学问题的本质，如何借助恰当选择的例子在力所能及的范围内提出最精确的问题。他知道如何用日常语言表达理论的基础和发展，而陈述最困难的理论。……在迪昂身上，一组难得遇见的品质结合在一起。他是名副其实的学者和众人称道的教授。不幸的是，嫉妒不容许他在充分广泛的领域施加他的影响。假如他在巴黎大学或法兰西学院，他会从所有国家吸引学生并革新物理学教学。

迪昂在学生中享有崇高的威望，他被请求担任学生会的教师顾问，其中有他的好友、中世纪史教授法布尔（P. Fabre）。迪昂本人对他的勤学、好问、多思的学生也充满感激之情，他把自己在1892年和1893年发表的几篇与哲学和方法论有关的文章归功于同学们的激励：

> 我有幸在里尔理学系杰出的听众面前教学。在我们的学生中，许多人今天已经是我们的同行，他们的批判意识几乎没有休眠；阐明的要求和使人窘迫的异议，接连不断地向我们指出，我们讲演中重复出现的自相矛盾和各

种循环论证，尽管我们很仔细。……由于他们对在书中和人群中碰到的热力学原理的讲解不满意，我们的几个学生要求我们为他们编辑一个关于那门科学基础的小专题论文。当我们力图艰难地满足他们的需要时，我们日益更加坚定地理解了当时已知的构造一个逻辑理论的方法的根本意义。

校方对迪昂的工作和为人也比较满意。校长库阿(H.-A. Couat)在第一学年的评语中写道："迪昂是一位十分杰出的教员。……他全心全意地致力于他的教学。他的性格是充满活力的，是一位给人深刻印象的思想家。"在第二学年，校长不无热情地赞扬他的年青下属：

自我到里尔，迪昂极其热忱地尽职守责。不论他个人研究数量之众多，还是他健康的不良状况，都未损害他的教学。尽管他偏爱困难的物理学问题，但他知道如何使他的听众品尝他们学习的滋味，从而使学习一开始似乎就能高出所预期的教学水准。除了觉察到一点拘泥形式之外，在他的性格方面，每一个人都承认他的正直和道德品质。

一年后即 1890 年 6 月 5 日，库阿再次向巴黎报告迪昂教学的"杰出"和"深刻"，"绝对献身于他的学生"，并请求公共教育部为迪昂加薪。

系主任德马尔特(G. Demartres)在第二学年结束时认为，迪昂的“热忱和守时尤其应该受称赞”。他的“坦率和正直的性格”有时也“不完全正确”，但这些缺点“与他的品德相比是微不足道的”。他建议，迪昂一旦达到三十岁的规定年龄，应该授予其教授职位。在1891年5月20日，这位系主任在报告中称：“迪昂肯定是高等教育中最杰出的教师之一”，“他全力投身于他的职责和教学”，“从未卷入他在大学职务之外的任何活动”。此后，迪昂的年薪才从最低水平的4500法郎吝啬地调到5000法郎，并一直保持到他离开里尔，教授头衔自然也未得到。贝特洛的打击和压制似乎以不止一种方式进行着。

然而，贝特洛无论如何再也无法阻止迪昂第二篇博士论文通过。在那次“学术丑闻”之后，巴黎大学间接允许迪昂在两年内提交基本上是同一主题的另一篇论文。这样既补救了上次赤裸裸的不公正，也保全了有关头面人物的面子。迪昂这次论文的标题是“感应磁化”，没有涉及贝特洛和李普曼敏感的领域，也未用“热力学势”一词。但是明眼人一看便知，它不仅是彻头彻尾的热力学课题，而且热力学势是它的真正支柱。在新论文中，迪昂很容易地避开了贝特洛的最大功原理。更重要的是，他能够从更广阔的观点提出热力学势，作为囊括物理学分支的强有力的工具。不用说，证明其更广泛的应用取决于对支配电磁学和热力学的数学公式的透彻分析，而这恰恰是娴熟数学的迪昂得心应手之处。这是一篇关于电磁学的数学理论的论文，贝特洛因隔行也不便插手。1888年2月15日论文正式批准付印，10月30日答辩并获通过，答辩委员会成员是数学家达布、彭加勒和物理学教授布蒂(E. Bouty)。迪昂被授予理学博士学位，严格地讲应该是数学博士。

在里尔，迪昂是一个非正式小组的成员。在这个思想活跃的群体中，迪昂通过交谈、探讨、争辩，汲取了丰富的思想营养。法布尔十年前就因在梵蒂冈图书馆发现罗马教皇收藏的 12 世纪汇编，而震动中世纪史学界。在与英国文学教师谢弗里永（A. Chevrillon）及其助手安热利耶（A. Angellier）的交流中，迪昂对英国精神的特征发生了极大的兴趣。布尔甘（M. Bourguin）介绍了马克思（Karl Max，1818～1883）的著作和学说，迪昂在一些方面与布尔甘观点相左，而布尔甘则常请迪昂、法布尔和谢弗里永一起吃饭。化学讲师莫内则使迪昂个人生活发生了戏剧性的变化。在莫内的家里，迪昂常常与一些天主教徒、叛教者和自由思想者会面。法布尔以其神秘的癖性把宗教建立在信仰的需要和心灵倾向的基础上，而对帕斯卡做过专门研究并深受浸染的迪昂，则认为宗教的基础在于理性的感恩和谦卑。

迪昂与潘勒韦（P. Pailevè，1863～1933）同是高师校友，又同在理学系工作，几乎天天见面。他们的关系的基础不是个人和谐，而是各自赞赏对方的智力爱好，是良好的同志式的友谊和忠诚。他们二人都爱好辩论，有时在某个观点上还写诗相互竞争：潘勒韦辩论的目的在于自娱，而迪昂则设法击败对方。谢弗里永认为，由于迪昂在辩论中坚持不懈，过分固执己见，“有时便毁灭了他的判断”。“没有什么东西能够动摇他改变他的观点，他泰然自若地坚持它，从来也不恼怒。”多年后，迪昂向一个朋友透露，不能信赖潘勒韦，因为他 1907 年自愿在贝特洛的葬礼上致颂词。迪昂恰恰相反，他从不隐瞒他的立场，而且惯用尖锐的评论详述他的立场。他有时也幽默一下，惟妙惟肖地模仿他人的脾性、声音、姿势、面部怪癖和逗人发笑的特点，画出有趣而珍贵的漫画。

文体批评大师谢弗里永在1930年代致埃莱娜的信中，指出迪昂当时已拥有巨大的智力财富并乐于与人分享。在物理学哲学与神学和科学史的关系方面，迪昂已清楚地形成了清晰的观点。除了他的思想力量和强有力的信念之外，从未看到他囿于党派性的立场。他认为科学体系从来也不止一个，还有许多其他可能的形式。自然规律与我们心智的逻辑必然性的一致建立在这样一个假设的基础上，即事物的秩序与我们心智的规律一致。这个假设是形而上学的，它是人的心智不可战胜的幻觉，但是人的心智却把绝对客观的价值赋予这个信念。谢弗里永接着勾勒出迪昂在里尔时的精神画像：

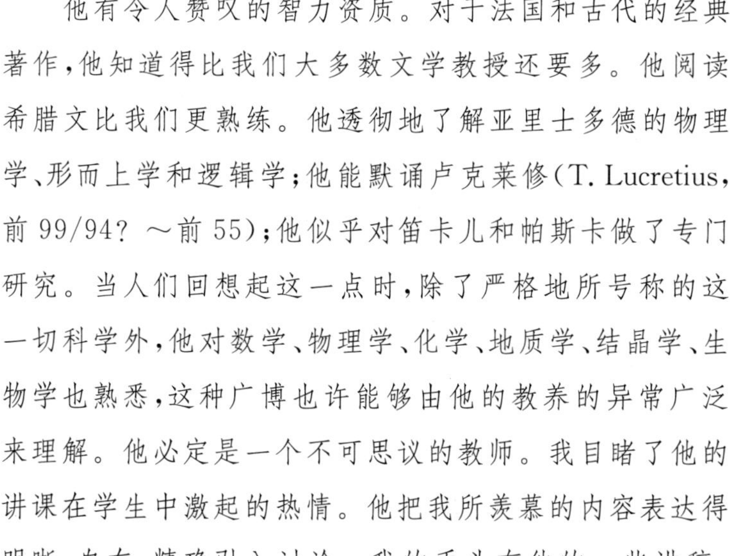

> 他有令人赞叹的智力资质。对于法国和古代的经典著作，他知道得比我们大多数文学教授还要多。他阅读希腊文比我们更熟练。他透彻地了解亚里士多德的物理学、形而上学和逻辑学；他能默诵卢克莱修（T. Lucretius，前99/94？～前55）；他似乎对笛卡儿和帕斯卡做了专门研究。当人们回想起这一点时，除了严格地所号称的这一切科学外，他对数学、物理学、化学、地质学、结晶学、生物学也熟悉，这种广博也许能够由他的教养的异常广泛来理解。他必定是一个不可思议的教师。我目睹了他的讲课在学生中激起的热情。他把我所羡慕的内容表达得明晰、自在，精确引入讨论。我的手头有他的一些讲稿：

> 极其漂亮的、泰然自若的书写，从未有过修改。他似乎没有细致地检查他的思想。他在大张纸上写东西，以空前未有的速度积累着。所有这一切表明了一种优秀的素质，对这种素质的印象支配着我对他保持的所有记忆：充满活力，无可比拟的精神力量。

谢弗里永慨叹迪昂宏大的心智，指明他当时就是一位哲学家，在哲学推理艺术方面是一位大师，是一位伟大的作家。

尽管迪昂想竭力把政治从前门赶出去，但政治又不时地从后窗溜进来，使得他这位富有正义感的基督徒不能不面对政治。在迪昂与朋友的谈论中，并非只限于科学和哲学问题。迪昂虽然不同情社会主义，但他不能不就1891年发生在富尔米镇（仅距里尔十五千米）的军队与工人的冲突发表同情工人的尖锐评论。虽然他具有明显的保皇主义，但他对善于沽名钓誉的法国陆军部长布朗热（G. Boulanger，1837～1891）并不热情，甚至心存疑虑。当然，迪昂乐于看到对第三共和国的批评，尤其是批评具有天主教意识形态的格调。迪昂不满意犹太人大量参与反教会的战役，对在报纸和书籍中的反犹腔调也许抱赞成态度，但他本人并不是反犹主义者。迪昂虽然不喜欢任何组织起来的社团，但他还是在1891年参加了布鲁塞尔科学学会。这是欧洲国家讲法语的天主教科学家的一个非正式的地方团体，其目的是以它的存在证明，培育科学和实践信仰决非势不两立。

1889年4月7日，迪昂的父亲因患重病逝世，母亲和妹妹夏初来里尔暂住。年已二十八岁的迪昂还是孤身一人，母亲和朋友力促迪昂成家。但是，迪昂拒绝了好言相劝，他认为投身科学就是一切，在科学和他之间不应有第三者插足。也许是上天有眼，情人有缘，迪昂在莫内家里与莎耶（M.-A. Chayet，1862～1892）邂逅，两个人一见钟情，不久便订下终身。1890 年 10 月 28 日，他们在巴黎举行了婚礼，并到比利时蜜月旅行。莎耶心纯貌美，与迪昂情投意合。她也是一个十足的基督徒，对艺术和文化具有与迪昂相同的品味。在比利时，他们陶醉于自然之美，忘情于燕尔新婚。翌年 9 月 29 日，小生命埃莱娜诞生于里尔，给小家庭带来无穷的欢乐。

然而好景不长，沉重的打击如千钧霹雳一样从天而降。年青的妻子不幸显露出心脏病的症候，在 1892 年 7 月 28 日生下第二个女儿后几小时母女双亡。她在临终前断断续续地对丈夫说："皮埃尔，你不应独自一个人过活，您太亲爱了，您太年轻了；您要再婚，您要让我们的女儿被您的母爱养育。"我们知道，迪昂听从了后一个叮嘱，但却从未再娶——女儿和科学对他来说已经足够了。

迪昂与日俱增地依恋他的女儿，他对科学的投入也是如此。在里尔期间，他共出版了七部书和五十篇专题论文及文章，这必定引起人们的称赞或嫉妒，因为迪昂出版的书占同期系里总数（十五本）的将近一半。除了在几种有影响的专业期刊发表论述热力学基础等方面的论文外，迪昂在里尔还向《科学问题评论》投寄科学史和科学哲学文章，其中大多数内容都进入了他 1906 年出版的经典著作《物理学理论的目的与结构》。与此同时，他也向奥斯特瓦尔德 1887 年创办的《物理化学杂志》撰稿，奥斯特瓦尔德亲自翻译了迪昂寄给他的头三篇文章。

迪昂的专著《感应磁化》(1888)是他的第二篇博士论文。《力学化学引论》(1893)包含有最大功原理的整个历史的概观，其中用证据表明，贝特洛论文中的几个命题没有一个不是与托姆森的逐词类似。在这些命题给出的热化学系统的完备形式中，只是省去了托姆森的名字。《流体动力学、弹性、声学》(1891，两卷本)是迪昂对相关领域研究的精湛总结，在这些专业领域产生了很大影响。尤其是《电磁学教程》(1891～1892)洋洋大观共三大卷。该书不仅展示了物理学各个分支能够综合统一的广阔视野，而且也体现了迪昂所追求的科学理想的特征。正如其序言中所写：

> 自 1881 年，当泊松(S. D. Poisson，1781～1840)开创了电现象的理论分析以来，一群伟大的物理学家对该课题进行坚持不懈的研究，他们的发现今天构成最广阔的科学聚集体，从而似乎达到了协调如此之多努力的结果的时刻：需要把在形形色色观念中构想的、用各种语言写成的、分散在无数期刊中的研究统一装在一个包裹里。如果人们成功地达到这样广泛的综合，那么人们也许会站在人类精神不断形成的自然哲学的最美体系面前。

迪昂并未花言巧语开空头支票，他在一千五百页的巨著中确实建构起这样一个美丽而宏伟的、综合性的逻辑结构体系。在亥姆霍兹工作的基础上，他展示了亥姆霍兹-迪昂电动力学构架，它比麦克斯韦理论更普遍，同时免除了复杂性和逻辑不一致。他在同一序言中这样宣称：

> 我们向自己提出的是，尽可能逻辑地阐明电磁理论，而不是理论的汇编。人们在这里将找不到就电磁现象所说的一切，我们只是想要人们在这里发现就该课题提出的真正清楚的和富有成果的观念。在含有科学的矿石中，也总是包含着杂质。我们要清除许多杂质。我们保留的东西的品位将全是富品位。

迪昂对他的三卷本巨著的自我估价并非言过其实，而是相当务实和谨慎的，这从当时著名的电磁学专家赫兹(H. Hertz，1857～1894)的热烈反响和高度称颂——这绝不是出于客套——中可以略见一斑。在1892年4月18日寄出的名片上，赫兹匆匆写下“万分感谢您的令人喜欢的邮寄物”，同时在信中真诚地写道：

> 您寄给我的《电磁学教程》使我极为高兴，我衷心地感谢您。这样的著作不能匆忙地阅读；迄今我已通篇翻阅了它。无论如何，我已经看到，使所有法文著作显出特色的明晰和透彻以最高的程度支配着它，我将从中大受教益。想到与您这位功成名就的学者开始接触，我感到其乐无穷。在不长时间，我的关于电振荡的专题著作将再版，我将冒昧地把书寄给您，以答谢收到您的著作。这无疑是十分不对等的交换，但我只能提供这种交换。

尽管迪昂受到国际科学大师的赞誉，但是他在法国却被上层人士忘到脑后。几次巴黎大学、法兰西学院教师空缺，就迪昂论著之多、水平之高而言，他应该是最恰当的候选人。科学院也忘记了，在法国某地还有一个有充分权利赢得奖赏和荣誉的人。但是，对于一个真正的以追求知识和真理为己任的学者而言，荣誉和地位毕竟是暂时的，是过眼烟云；唯有成果和思想才是永恒的，是历史丰碑。就此而言，谢弗里永在1930年以来给埃莱娜的信中所做的下述评论永远是合适的：

> 生活为迪昂辩护。名牌大学为数众多的教授没有生产出永恒的产品，而他作为一个物理学家在热力学中的工作，像他作为科学史家和科学哲学家的工作一样，对于整个学术界来说似乎永远具有崇高的价值。

谢弗里永说，迪昂不看重晋升；倘若他能够工作、教书、实施他的计划并讲他所要讲的东西，那么他在外省大学还是回巴黎，对他来说无关紧要。这段话前一句说得对，但后一句却不完全符合实际。迪昂的确不大关心显赫的地位和虚名，不过他还是想待在巴黎——利用巴黎优越的学术条件更好地实施他的计划和抱负。然而，迪昂回巴黎并不是无条件的，他的原则性很强。1893年，当在法兰西学院设立科学史教席时，一位教授想通过若尔当查询，迪昂是否愿意接受提名。迪昂对朋友若尔当说："我是一个物理学家。如果我任何时候应该重返巴黎的话，巴黎将得到的只是作为物理学家的我。"迪昂的态度很坚决：他绝不走科学史的"后门"回巴黎！

命运又一次跟迪昂开了一个不大不小的玩笑：他未能如愿以偿地回巴黎工作，而被发落到雷恩(Rennes)。一场未曾料到的冲突爆发了，就像夏日突如其来的大雷雨一样。事情发生在1893年7月初，由于天气炎热炙人，实验考试日程不得不重新安排到从下午到凌晨进行，这样便给实验室主任帕约(R. Pailot)增添了额外负担，负担与迪昂添加的一些说明有关。帕约不理睬这一安排，迪昂显然失去自制力，当着学生的面尖锐批评了帕约的失职行为，要求理学院院长德马尔特迫使帕约为玩忽职守而认错。院长只想息事宁人，没有满足迪昂的要求，于是和迪昂发生争执。在此事件之前，迪昂一直认为德马尔特是朋友，而不是心照不宣的对手，只是对他惯于采用的调和主义态度不满。没想到在争执激烈之时，这位院长在众目睽睽之下，举起手像要打架一样，反对他的年轻下属。德马尔特还扬言，除非迪昂转到其他地方，否则就无法满意地了结这一事件，无论里尔大学蒙受多大损失也在所不惜。这分明是向迪昂下“逐客令”！

迪昂的朋友法布尔等劝导迪昂忘掉争吵，不要与小人一般见识，要多向前看。但是潘勒韦告诉迪昂，反对他的计谋正在暗中紧锣密鼓地策划。迪昂不愿与那些人周旋，他有些不耐烦了。他请求调离获准。其实，雷恩大学早知迪昂的才干，积极活动以争取迪昂，且以教授席位相许诚邀。迪昂对此并不热情，他嫌雷恩没有良好的图书馆，更糟糕的是理学院教授每年要参加文学院两千多预科学生的审查工作。迪昂未去成巴黎——巴黎的教席的价码在1890年代甚至在此后并非总是用学术成就和教学才能衡量的，他只好在7月29日郁郁不乐地到雷恩受命。

与作为法国北部工业中心之一的里尔相比，位于巴黎以西稍偏南的雷恩只能算是农村，而且远离巴黎。雷恩虽说是布列塔尼省的省会，但当时人口不到七万，唯一的好处是“甜美的静谧”。迪昂的中学和大学的校友若尔当也同时到此任中世纪史讲师，他常常看到迪昂通过散步解决学术问题。人们也能碰到迪昂领着三岁的小女儿散步，他有时抱着她，她则扯着爸爸的黑胡须玩。

几乎从第三共和国开始，雷恩就受共和主义者和激进主义分子的联合统治，受反教权的官员操纵。幸运的是，1896 年才由四个学院正式联合而成的大学，对权力政治似乎不大热衷。作为物理学讲师，迪昂被分配教以下课程：物理光学、流体静力学、毛细现象和声学。按理说，不管迪昂怎么想，他的成就都会使他在不久获得受尊敬的职位。可是，大学的现状却使迪昂感到心灰意冷：他不得不按最基础的水平教学，有时教师甚至编写的是针对中学高年级学生的教材；既缺少鼓舞和激励人心的学生，也没有智力超群的教授；大学图书馆只有几个房间，落满灰尘的资料混乱不堪。在迪昂的坚持下，图书馆才整理出供他研究所需的书刊，这件新鲜事曾在大学引起轰动。一年后当迪昂离开雷恩大学时，据说一位老教授发问：“现在他走了，所有这些书有什么用呢?”不管怎样，迪昂的博学在雷恩理学院给人们留下了持久的印象。

迪昂不喜欢参加正式的、大型的专题学术会议，但是他还是在若尔当的陪同下，于 1894 年 9 月初参加了在布鲁塞尔召开的第三届国际天主教徒科学会议。会议是由布鲁塞尔科学学会组织的，迪昂从 1891 年起就是该学会的会员。他不是以他提交的论文，而是以对麦克斯韦电磁理论的严厉批评引起反响的。

在哲学组，针对未来的巴黎天主教研究所所长比洛(P. Bulliot)关于物质和质量概念的论文，迪昂即席发表评论。他认为，如果把实证科学和形而上学的范围作为对象的研究明智而谨慎地进行的话，那么将导致基督教哲学和近代科学的和解。但是，这样的研究是极其困难的。迪昂详细申述了理由。鉴于迪昂的讲话值得人们深思、记取和警惕，现不妨直录如下：

> 只有各种实证科学的原理对哲学家来说是感兴趣的；但是，为了了解这些原理，阅读通俗读物是不够的，甚至阅读有能力的物理学家所写的专题著作的第一章也是不够的。人们不理解科学所依赖的原理的意义和联系，除非人们对这些科学多年研究，用一千种方式把这些原理应用于特例，并且深刻地掌握德国人所谓的科学素材的技巧……
>
> 因此，如果我们想要胜任地和富有成效地把握对形而上学和实证科学是共同领域的问题，那就让我们以研究实证科学十年、十五年为开端吧；让我们首先单独地、为它自身而研究它吧，而不要使它与如此这般的哲学断言和谐；这样，当我们熟悉了它的原理时，以一千种方式应用它，我们才能够探求它的形而上学意义，这种意义将并非与真正的哲学不一致。任何一个觉得类似的劳动是言过其实的人，必须不要忘记，对与科学和哲学每一个前沿相关的问题之一的每一个草率的、在科学上不正确的答案，都会导致对我们事业的最大的偏见。哲学家必须仿效科学家的坚忍不拔。一旦提出问题，倘若必要的话，科学家就献身数世纪去解决它。他们只接受精确的、严

格的答案。

无论如何，我们正在与之战斗的学派给我们以例证。实证论学派、批判学派出版了许多科学哲学著作。这些著作刊登着欧洲科学的最伟大的名人的名字。除非我们以也是实证科学大师的人所做的研究来反对他们，否则我们不能击败这些学派。

迪昂即席发言时，房间里挤满了人，大多数是牧师。在参加会议的一千左右的人中，大半是哲学家，他们很容易对号入座，因此引起轰动便是必然的了。迪昂显然欢快地写信告诉他的母亲："我公正地告诉这些天主教哲学家：如果他们在对科学一无所知的情况下还要固执地谈论哲学，那么自由思想家就会奚落他们；为了讲谈科学和天主教哲学相互接触的问题，人们必须用十年或十五年研究纯粹科学；如果他们不变成具有深厚科学知识的人，他们必须依旧三缄其口。……这个观念一旦发出将会取得进展；整个下午人们在会议上仅仅谈论这个问题。我不后悔事已至此。我相信，我播下的种子将发芽、生长。这些虔诚的人还是第一次听到所讲出的真理，这不会使我吃惊，但是我惊奇地看到，他们做出了反应，或者是他们中的一些人做出了反应。"

尽管在雷恩之外，维凯尔(E. Vicaire)伯爵就物理学和形而上学的关系等问题与迪昂进行争论，但是在此地迪昂却深感智力上的孤独。这里缺少切磋琢磨的朋友，缺少好学善思的学生，没有他发表高见的论坛，当然也没有知音听众。但是，这些不利条件并未遏止迪昂异乎寻常的多产性，因为他的思维太活跃了，以至情绪上的压抑也难以阻止喷涌的新思想。他首次发表的关于判决实验不可能的论文，阐明了盎格鲁撒克逊精神和法国精神之间的差异。虽然十年前他在处女作中就明确提出，物理学理论的历史发展是阐述它的概念完备性的一部分，但他并没有详细撰写物理学史。在雷恩的一年内，他由对物理学理论的反思自然引起对物理学史的反思。他开始在《布鲁塞尔科学学会年鉴》上发表系列论文，作为他阐明光理论真正本性的手段。他在此期间还发表了关于热力学原理、电动力学和电磁作用等方面的论文，比利时皇家科学院也为他提供发表的机会。

若尔当不能不注意到迪昂研究的训练有素、井井有条的风格，这也许是他对秩序和逻辑的理性爱好的具体显现。若尔当这样回忆说：迪昂从未被工作弄得不知所措或焦头烂额；尽管他手头同时有三四个项目，但他总是有条不紊，从容不迫，依照允诺按时交稿或完成其他工作，就像他的写字台那么井然有序一样。他离开房间只是为了放松一下，散步对他来说也是工作，是化解难题的工作。一旦思路形成了，他则伏案疾书，一气呵成，写出一沓沓漂亮的、整齐的、清晰的手稿。

连雷恩大学校长也觉得迪昂在此是大材小用，颇受委屈。他在 1894 年 6 月 12 日致巴黎的报告中明确指出，迪昂的学术高水平在雷恩是莫大的浪费。巴黎当局认为迪昂有“不易相处的个性”，但理学院院长则担保，迪昂与他的同事的关系是符合一般准则的，并未有人对他的性格表示不满，迪昂是一位精神杰出、性格坚定的人。

迪昂并不是不想去巴黎工作，只是他心里明白，他道路上的障碍在何处。潘勒韦完全理解他的朋友的沮丧之情,他写信劝慰迪昂:时间和优势在您一边,您最终将凯旋。迪昂本人也不怀疑他会在某一天转移,但他暂时还希望在雷恩再待些年头。1894 年 10 月 10 日,他出发前往布鲁塞尔,向皇家科学院呈递他的七篇专题论文的头一篇。10 月 13 日,当他出现在科学院时,公共教育部决定把他调到波尔多(Bordeaux)任职。这个意外的消息使迪昂呆若木鸡。虽说波尔多要比雷恩条件好得多,但这个调令并不是教育部有意重用迪昂,原来是临时用迪昂填补波尔多大学物理学教授皮奥肖恩(J. E. N. Piochon)突然辞职而留下的空位。可是调令通知他仍是讲师头衔,虽然他得尽教授的职责,且早已超过教授的水准。迪昂再次被人愚弄了!

在惊愕和丧气之中,迪昂写信给高师的好友塔内里,表示他不愿接受调令。对于巴黎当权者这一缺乏善意的行为,塔内里也感到意外和不满,他直接找到公共教育部高等教育司司长利亚尔(L. Liard)。利亚尔告诉塔内里:"转告您的朋友迪昂,他必须接受;他必须明白,波尔多是通向巴黎的道路。"塔内里即刻向迪昂发了电报,可信赖的挚友转达的信息当然是可靠的。迪昂驱散了心头的阴云,决定赴波尔多就任。他也许会想到在这个港口城市附近,两个困惑不解的旅行者著名争论的故事:人由于他们的自由意志,是否会像鹰那样,能够改变损害他人的习惯。迪昂不怀疑这一点,他出于自由意志去了波尔多。但是,他哪里知道,通向巴黎的大门向他紧闭着。他依然是那个心怀叵测、不能彻底改变病态意志的人的牺牲品。他在波尔多走到生命的终点,但却走向逻辑的永恒。

四、波尔多:逻辑是永恒的

波尔多是法国西南部濒临大西洋的港市,是法国与世界沟通的一个港口。波尔多有几家出色的图书馆,大学图书馆藏书二十五万卷(里尔仅五万卷),这在当时是不小的数量。正在扩大、发展着的波尔多大学向迪昂伸出欢迎之手,《波尔多大学总汇》迅速报道了迪昂的赴任:“迪昂先生满载公认的声誉,精神抖擞地来到我们中间。”

迪昂到任后拜访的第一个人是布吕内尔(G. Brunel)。这位著名的数学家与迪昂1882年在高师相识,他从1896年秋起任理学院院长,1898年任代理校长。迪昂与布吕内尔似乎心融神会:绝对正直的个性,有洞察力的心智,无私奉献的责任感,广泛的智力兴趣。迪昂深知,像布吕内尔这样的人在大学中并不多见,尤其是在学术严重政治化的时期,因此二人的心心相印对迪昂潜心事业无疑是一个好兆头。迪昂注意到,大学教师的视野必须扩展到本专业之外,促进各种较高知识分支的真正统一。为此,他第一个在波尔多——也许是在法国——开设了一门综合性的课程,该课程在十年间吸引了各个学院的学生、教师以及其他听众。在这样做时,迪昂从布吕内尔那里得到支持和鼓励,布吕内尔还把理学院教授1854年创立的物理学家和博物学家科学学会变成活跃的智力交流机构。

理学院院长拉耶(G. Rayet)高度评价迪昂的才华,但拖了两个月却未向迪昂提及物理学空缺教席的问题。问题的症结在于一

位年已五十八岁，在波尔多做了二十年讲师的物理学教师也想得到这个席位；他虽说工作勤勤恳恳，但才能平庸。拉耶向高等教育司司长利亚尔建议，把现有的教席转为实验物理学教席给那位老教师，而为迪昂另增设一个理论物理学教席，这样即可做到两全其美。利亚尔也乐于这样做，以掩盖他把迪昂流放到波尔多。

1895 年 3 月 11 日，教育部颁布新教席的创设和迪昂的任命——最低级即四级教授，年薪 6000 法郎。迪昂对这一晋升的感情是复杂的。校长库阿特早在里尔就是迪昂的上司，他对迪昂头一年工作的评价颇高。他认为迪昂的教学是最成功的，对物理学实验的组织是出色的，并赞扬迪昂是卓越的教授和优秀的同事，其表现是完美无缺的。

到 1897 年，迪昂通过巨大的努力，已经把波尔多大学的物理学教学和研究提高到一流水准。在世纪之交那些年，迪昂先后开设的第一组课程包括热力学、物理化学、流体力学、物理光学、弹性学、声学和电动力学，第二组课程是永久变态和滞后作用、广义热力学和能量学、麦克斯韦理论和赫兹实验、黏滞性和热力学原理、刚体的有限变形、稳定性和小位移。这些课程内容也反映了迪昂出版物的主要论题。迪昂全神贯注地致力于他的教学和写作，他订了一个二十年的长远规划，他不再迫切企望他的学术成就会最终赢得巴黎的教席。

长期从事智力探索的迪昂深深地体会到，科学像生物一样，也是在竞争中进化的；创造一个自由竞争的智力环境，对于智力的发展是不可或缺的。今天借助达尔文进化论诠释科学进步的人，一定会为迪昂 1898 年一篇论文中的观点的独创性而震动：

对所有生物为真的东西对科学学说也为真：这就是通过在它们之中进行的斗争和选择，这就是清除假观念的战斗，这就是迫使正确的观念要求使它们的证据更精确、更牢靠的斗争，这就是迫使富有成果的观念提供它们所有产物的斗争。

假如科学完全处在一个地方，那么这种观念的斗争则是不可能的；当这种绝对的集中生效时，人们长期在每一个知识分支面前仅发现一个老师和这位老师的门徒们。这位不再面临矛盾、早就习惯于把他构想的最佳观念视为天才产物的老师，几乎一点也不关心使他自己避免过分信赖他自己的判断，避免过分信赖无法使他防范犯错误的习惯。门徒们认为老师的教导是至理名言，而不借助自由讨论通过与对立学说接触而改进它们，他们对已经获知的反复教训已形成了无动于衷的习惯，其结果不再汲取教训了。

正因为我们感到听任法国科学达到这一点是多么危险，所以我们需要看到我们大学全力以赴武装起来进行竞争。我们希望，在里昂宣布的学说可以遇到在图卢兹或南希出现的对立的学说，在巴黎宣布的学说可以在里尔或波尔多得以发展。我们希望，在法国每一个科学家可以每时每刻发现这样两个基本的科学工作的条件：支持容许他自由地提出他的所有观念，反对责成他只产生成熟的观念。

迪昂在波尔多成功地培养出八名博士生。迪昂是一位对实验有很深根基的理论家，他指导的一篇博士论文就严重地偏向实验。迪昂的一位博士生索雷尔（P. Saurel）是美国康奈尔大学的毕业生，在纽约市立学院工作了四年，能用法语流畅地讲演和写作。要知道，在法国读博士学位的美国学生要花费很长时间，要通过各种科目的麻烦考试。索雷尔选择到法国读学位，显然是冲着迪昂来的，这说明迪昂在美国科学界和学术界颇有声誉；广而言之，也说明美国人对法兰西精神——“迪昂就是这种精神的伟大代表者”——的钦慕和向往。在1900年的博士论文答辩中，迪昂是这样揭示和赞美法国精神的：

尤其爱好精确、秩序和明晰，天生敌视含糊不清的、不连贯的、有危险性的或过分的东西，法国精神似乎出于它的使命，通过授予每一个观念以恰当的形式并赋予它正确的地位而组织科学。在英国以及在德国有一句俗话说，在没有用法国方式深思一种学说之前，它并未获得它的确定形式。人们乐于宣称，法国人在把孤立的研究融合在一起，并由它产生所谓的经典专论的逻辑成果之艺术品方面，达到了至高无上的程度。

典型的心灵！柏拉图和亚里士多德、欧几里得（Euclid，约前330～前260）和阿基米德（Archimedes，前287～前212）使他们的观念沉浸于其中的这种形式本身，不变地作为人的推理的十分美丽的模式和永远真实的形式施加影响。根本不必惊讶，是这种精神的创造者

> 并被他们的产物所迷恋——就像皮格马利翁[1]被他的雕像所迷恋一样——的希腊人，能够在其中辨认出优越于我们世界的理想世界的记忆或幻想。在现代成为这种心灵的保管人，正是法国的伟大智力的荣耀。为了使人们确信这个真理——如果法国不坚持这一古典心灵的准则，那么在短时间后人类的知识便会迅速地变成巴别塔[2]，这只要想起法国长期忽视的那些科学分支的混沌状态就足够了。

迪昂最后一句话似对法国精神的式微怀有忧虑之情。不过，迪昂对未来充满信心，他希望更多的外国学生来波尔多学习，也希望法国精神和文化能在世界得以弘扬和传播。在谈到这一点时，他对逻辑和明晰性的癖好从未遏止他的艺术家的激情，他的诗人的才华和想象力喷涌横溢：

> 在法国向来自世界各地的学生敞开她的大学的大门——直到最近之前还几乎不可穿透——之时，她也改变了她的硬币的铸造。她把一位撒播善良种子的妇女形象压铸在金属币上。我们难道不能从这种巧合中看到一

① 据希腊神话，皮格马利翁(Bygmalion)是塞浦路斯国王，他钟情于阿佛洛狄忒女神的一座雕像。他创造出一座表现他的理想女性的象牙雕像，然后就爱上了自己的作品，维纳斯女神应他的请求赐予雕像以生命。

② 据《圣经》记载，巴比伦人想建造一座巴别通天塔(Tower of Babel)扬名，上帝便变乱他们的语言，使之互不相通，结果塔未建成而人类分散到世界各地。

种象征和预示吗？当思想的伟大播种者，我们亲爱的祖国，用慷慨的双手把法国学说的丰产种子撒满智力世界的所有园地时，这种大学博士学位制难道不会支持她吗？

尽管迪昂在波尔多是一位具有迷人魅力的教师，也是一位永不枯竭的多产的物理学家，但是直到1904年，他还是最低一级教授，自然也未加薪。已过"不惑"之年的迪昂，似乎不再把这放在心上。他在家里或在小型集会（他认为开大会是绝对浪费时间）上非正式地进行交流和讨论。尤其是波尔多科学学会，在布吕内尔的主持下每两周一次聚会，起到了启迪思想和激发创造的作用。

迪昂常给学会的《论文集》和《会议录》撰稿。他的二百零七页的长篇专题论文是1896年3月提供的，处理了毛细现象、摩擦和假化学平衡的热力学理论。尾随它的是四卷本的《论化学力学基础》（1897～1899）。三年后出版的是《热力学和化学》（1902），《J.克拉克·麦克斯韦的电磁理论》（1902），《混合物和化合物》（1902），还有接着出版的二卷本《流体力学研究》（1903～1904）和《力学的进化》（1903）。在此期间，迪昂还发表了许多论文（其中一部分在国外发表），他的有些专著就是在已发表的论文的基础上写成的或是论文的汇集。这一切成果，都是迪昂在波尔多头十年完成的。其中《热力学和化学》在次年（1903）就被迅速译为英文。迪昂在为美国版写的引言中说："当我写它时，我考虑的问题之一是使威拉德·吉布斯的工作变得著名和受称赞；我乐于认为它将在你们活动的大学有助于提高你们卓越的同胞的光荣。而且，这种光荣每一天都越来越灿烂；相律的作者似乎越来越清楚地成为化学革命的发动者；许多人毫不迟疑地把这位耶鲁学院的教授与我们的拉瓦锡(A. L. Lavoisier，1743～1794)相提并论。”

在幕后处处刁难和设障的贝特洛，在他的控制范围之外也难以一手遮天。在巴黎科学院，当有机会时，对业绩的考虑往往占支配地位。1899 年 6 月 24 日，政府颁布政令，在科学院为精密科学和自然科学创设四个通讯院士新岗位。吉布斯和玻耳兹曼(L. Boltzmann，1844～1906)分别于次年 5 月 21 日和 28 日当选。迪昂确信他会当选，他在高师的良师益友达布刚刚接替贝特朗(J. Bertrand，1851～1917)任科学院精密科学学部终身书记，也提供了背景信息。果不其然，迪昂于 7 月 30 日在三十八票中赢得三十六张赞同票(另两票投给另外两个候选人)。人们祝贺这个迟到的通讯院士荣誉。马尔希斯代表迪昂以前的三十五个学生在 11 月 8 日向老师敬献了一个漂亮而雅致的花瓶，上面刻写着三十五个字：“科学院没有想把你的选入与吉布斯的选入分开，因此这证明您不仅继续了这位美国学者的工作，而且与他并驾齐驱，甚至超过了他。”据有人透露，科学院未早些采取行动的唯一理由是迪昂思想的“绝对独立性”。

在此前后，迪昂还陆续赢得了来自国外的荣誉。1900 年 5 月 19 日，他被选为荷兰哈勒姆科学学会外籍会员。同年 6 月 7 日，波兰克拉科夫的亚盖洛尼安大学在庆祝校庆五百周年时授予他荣誉博士学位。1901 年 4 月 9 日，他应邀到布鲁塞尔科学学会成立五十周年纪念大会发表演讲。1902 年 12 月 15 日，比利时皇家科学院选举他为外籍院士。1905 年 4 月 14 日，他被选为波兰科学院院士；这个荣誉是奥匈帝国驻法大使和法国外交部频频交换信件才商妥的，迪昂对此感到十分可笑。对于这一切荣誉，迪昂持一种超然态度。当大学秘书向他索要荣誉头衔一览表时，他在 1909 年 10 月 25 日回信漠然而幽默地说："请您把这张一览表作为我未来的讣告而归入档案。"

迪昂经年累月地从早到晚工作：上午他习惯于研究和写作，下午授课或与学生在实验室。他把午饭后的闲空给予母亲和女儿，晚餐和夜晚的时光是全家人最欢乐最活跃的时刻，迪昂经常夜里给视力衰弱的母亲读书。女儿埃莱娜回忆说：

> 那是难得的乐事，因为他习惯于以真正的技巧来读。这种技艺来自深刻的诗意感和艺术感——它能妥善地处理包含在词的和谐中的整个涵义，来自异乎寻常的模仿才能。人们听他读时睁大着眼睛。当他读剧本时，角色的言行活灵活现，每一个都有他的特殊个性，仿佛用他的声调上演。

迪昂的母亲是全家的真正灵魂。她表面看起来似乎严肃而严厉，实际心地善良。她言谈富有魅力，充满生气。她十分精明能干，把家里收拾得井然有序，整洁明净。她给迪昂创造了一个思考和工作的安静环境，也抽时间教育孙女，监督学习。当迪昂还未成人时，她常常把挫折和痛苦埋藏在心底，尽量使孩子们中意和幸福。当儿子走入社会后，她分担儿子的失意，分享他的成功。迪昂也乐于把自己的想法、计划和工作告诉她，与她一起讨论文章的论题、宗教、政治和文学。当迪昂在大写字台前写作时，他母亲坐在近旁椅子上织毛衣，女儿在写字台一端做家庭作业。当他暂时中止工作，走到壁炉旁背靠它远眺时，女儿常常爬到他背上闹着玩。祖母不让她打扰儿子的思绪："安静点！爸爸正在探究一个定理。"小埃莱娜很懂事地离开了，尽管她被父亲爱称为"我的司令官"。迪昂对母亲十分尊敬、爱戴和顺从，把母亲的希望视为命令。一个中年人对母亲如此孝顺，感动了许多局外人，其中包括一些喜欢宣讲第四诫（须孝敬父母）的牧师。迪昂说："上帝的第四诫并没有说老母亲不是母亲……而且人一生只有一个母亲。如果我不服从，对我来说这就好像失去了我的母亲。"他说这话时很自然，完全是内心真实感情的流露，没有一点装模作样的意思。

迪昂晚上常常翻阅他的速写簿，以此休息或放松一下。这是每年暑假他外出旅行时所画的风景画。卡布雷斯潘的老家距波尔多不远，每年暑假最后几周，全家都要回去度假，他和女儿一起收拾庭院，栽植了一排黄杨树。

迪昂爱好步行旅游和考察，一旦乘车到达要去的地区，他便随心所欲地循景而游，从不事先做出周密的计划。每逢此时，他便像一个顽皮的孩子一样，扑入大自然的怀抱，与大自然融为一体。他考察山谷、溪流、地质、地貌，敞开心扉与大自然交谈，也不时发出内心独白。在《静力学起源》第二卷《结论》中的头四段，他绘声绘色地描画了拉尔扎高原的景象。他作为一个精细的观察者的素质和下笔如有神的作家的才华，在其中表现得淋漓尽致：

> 干旱的拉尔扎石灰石高原散布着灰色的环形小山丘，到处是散乱的岩石，犹如废弃的城市的废墟，旅行者

穿越这个中央山的广大地区后，他便接近濒临地中海的冲积平原。他现在必须沿陡峭的沟壑形成的羊肠小道行进，这些沟壑是古代河川的遗迹，或是干涸的河床，随着岁月的流逝，它们被冲刷得越来越深，一直延伸到石灰石高原内。不久，这些沟壑连接成一个峡谷。笔直的峭壁上插云天，下抵河床，峭壁上风化的岩石似乎随时都有可能崩塌下来，一条美丽的河流曾经在幽深的河床上奔腾咆哮。今天，河床只是布满了年代久远的、破碎的巨石，杂乱而无章。没有山泉从石壁流出，没有水坑浸湿砾石。在众多的岩石中，什么植物也不能生长。住在该地区东南山区塞旺内的居民给这条死亡之河取名为维斯。

旅行者只能极其费力地穿过无数跌落下来的石块前进，偶尔会听到远处的轰隆声，仿佛天边的闷雷在滚动。当他逐渐逼近时，这种轰隆声变得越来越响，最后突然爆发出剧烈的撞击声。这是维斯河源头富克斯的巨大声音。

在石灰石岩壁，一个黑暗的洞穴敞开着，活像野兽张开大口。白色的激流从这个洞口向前喷出，雷鸣般地飞冲而下，水晶般透明的水珠与洁白的泡沫掺合在一起。远处石灰石高原的裂隙把这些水流收集在一个地下湖内。

突然一条河流出现了，由此向前流去，维斯河明澈而清凉的水流在白色的岸边和银色的牡蛎塘之间流淌。它的令人惬意的潺潺声激起水磨的咔嗒声和塞旺内村民深沉的、响亮的笑声，灿烂的阳光在高原 V 形山谷的边缘悄悄地滑动，一直滑落到峡谷底部，给白杨树枝披上金色的衬衣。

面对维斯河的景象，迪昂想起被偏见所篡改、被蓄意简化所歪曲的传统历史试图描绘的精密科学发展的图像。科学发展不是一帆风顺的，近代科学绝不是突然出现的，表面看来尖锐的转折则是由溪谷中的每一个坑穴、岩石、转弯逐渐改变的结果。迪昂的心灵与大自然是和谐共振的：他不仅用肉眼捕捉每一个细微的外景，而且用精神之眼洞察其中的底蕴和奥妙。迪昂外出游览时总是随身携带铅笔和速写簿，回家后再用墨水修描、润色。他需要的是用风景画记下主要印象，而不是保持景点的严格图像。他偏爱的是画笔和画布，而不是照相机。

由于憧憬皇权，不满第三共和国的政体和政策，迪昂出于正直，在德雷福斯（A. Dreyfus，1859～1935）事件中坚持为当事人平反昭雪，也同情右翼的法兰西行动。在他看来，他这样做是维护法国军队的荣誉，维护法国的尊严。迪昂是一位忠诚的爱国主义者，他 1899 年 6 月 25 日在波尔多发表的动人的千词演说就是明证：

……我们赞美、我们热爱、我们服务相同的事业，这些事业是由斯塔尼斯拉斯学院的纹章象征的。

你们熟悉那个纹章：它的一半由一本书籍占据着，它的另一半是从头到脚武装起来的骑士；二者的结合是法国的传统。

书代表着由所有人、所有世纪的思想产生的所有的真、美、善，尤其代表着希腊和罗马心智的产物，希腊和罗马是我们民族天才的教育者，特别是法国思维方式的教育者，这种思维方式在现代世界上是最明晰的、最精确的、最合乎逻辑的，同时也是最人道的思维方式。这就是我们的老师最初教给我们品尝的东西。他们的努力没有白费。他们使圣克莱尔·德维尔(Sainte-Claire Deville，1818～1881)沉湎于科学的世界，……他们使我们之中的大多数人着手进行智力世界的和平征服，从而通过使人类的拥有更巨大而增强法国。

除了书籍之外，还有身跨战马、刀剑出鞘而准备冲击的骑士。在他的身上，人们透过这位十八岁骑士的火热情感，看到的不是法国的具有明确观念的大脑，而是法国的强烈跳动的心脏和沸腾的热血，是军队！

……在书籍和骑士之间是法国国徽，它仿佛由于同一呼吸活跃起来，仿佛把科学的每一个领域、文学的每一种美和军队的所有勇敢融合在一个观念和同一热爱之中。在我们徽章的中心，在蔚蓝色原野的背景上有三株洁白的百合花，它放置得何其之好，象征着教育处处留心使我们了解和热爱法国。……

了解和热爱自己的国家是重要的，但并不是一切，还必须服务于她，有效地为她的繁荣昌盛做出贡献。我们的老师知道这一点，并教导使我们成为有能力务必完成这一任务的人。

他们首先要求我们成为有首创精神的人。具有首创精神不仅仅是提出人们行动的目标。首创精神尤其在于面对逆境、诱惑和沮丧时保持坚强的意志，我行我素。首创精神在于为了整体生活而服从人们强加给自己的秩序。因此，为了学会如何运用我们的意志，我们的老师教我们服从，他们使我们遵从这样的纪律——意志没有纪律将变成任性——严格的、严厉的、明确的纪律，但却是忠实的、愉快地接受的纪律。因为纪律是正确的、平衡的、并非出其不意的和突如其来的行动，尤其是因为那些把纪律强加于我们的人更严格地服从纪律，并且言传身教。

在具有首创精神的人的生活中，存在着一些严重的时刻：他必须在幸福和使命之间选择，他必须牺牲自己。我们的老师预见到这些时刻，并在我们身上激发起牺牲精神。牺牲精神！

对科学和文学的崇拜、爱国主义、遵纪精神和首创精神、牺牲猜神——为了让这些情操在我们身上发芽和生长，我们的教师依靠那些增强人心的人的帮助。在每一个真和美中，他们都向我们展示出永恒之真和至上之美的反映。在法国编年史即思想史和军事史中，他们教导我们察觉上帝的战士的英姿——有意识的和无意识的英姿。为了使我们过度的行为屈从于纪律的约束，他们教导我们一切权威来自上帝；为了在我们中间点燃牺牲精神，他们不断在我们面前设立被钉死在十字架上的上帝的形象。为了把“毫不畏惧的法国人”给予法国，他们尽力把“无可指责的基督徒”给予教会。……

我们之所以冗长地引用这篇讲演，是因为它体现了迪昂坦白的政治观点和鲜明的思想情操，以及他的内心世界的向往和激情。三天后(28日)，这篇讲演发表在保守的波尔多日报《新闻传播者》上。迪昂在波尔多的主要对手利用这个事件大做文章，把迪昂作为共和国最活跃的敌人告到巴黎当局。在把革命奉为神圣的土地上，自由的讲演、清白的言语居然就是犯罪！迪昂的主要对手是比佐(G. Bizos)，他在库阿特1898年突然去世后继任大学校长，曾迫使迪昂离开大学理事会。按理说，迪昂的政治观点虽然与官方意识形态相抵触，但他完全有资格作为一流的公民为共和国服务，为法兰西效力。但是，狂热的共和主义者比佐缺乏公正，甚至把迪昂看做是对他自己的严重威胁。他在秘密报告中，诬告迪昂“言行任性”，是“最激烈的信奉教皇极权主义的斗士”，“持续的和危险的不和源泉”。他谴责迪昂讲演公然违反职业责任，是极端的反共和的教权主义的例证，并要求迪昂说清楚他的案例。可是，库阿特在此前却认为迪昂的“科学勇猛”和“性格的独立性(也许有点极端)”是“众所周知的”，他“全心全意地献身于他的学生，卓越地服务于理学院”。

对迪昂来说，科学是神圣的事业。当科学的真理遭到扭曲和永恒损害时，他认为毫不畏葸地斗争和捍卫是他的天职。在贝特洛的《热化学》(1897)出版后，迪昂立即在国外的《科学问题评论》发表长文给以尖锐的批评。当时在法国没有人敢这样做，只有迪昂操起最新的和最佳的数学物理学武器向学术权威和政治权势挑战。迪昂注意到，自贝特洛的热化学享有毋庸置疑的权威以来，没有什么论著能获得公正发言的机会。任何一个想使热力学获胜的人，其首要任务就是要从上到下拆除最大功原理，以便为新热化学腾出地盘。贝特洛对最大功原理的保卫逃避了起码的逻辑，用这样的推理，人们能够证明任何想要证明的东西。针对贝特洛用个别例子证明他的原理，迪昂一针见血地指出："在我看来，最严格的逻辑似乎不需要更有说服力的例子"，贝特洛"把最大功原理变成没有王国的国王"。

迪昂的观点传到了科学世界的各个角落。奥斯特瓦尔德在他主办的《物理化学杂志》上写道："对旧观点的代表人物来说，通过最近的进展对它的尖锐的、甚至是狂暴的驳斥被认为是偏激的，由于辨认到攻击是必不可少的和势不可挡的，印象变得更富有悲剧色彩了。"班克罗夫特(A. Bancroft)充分赞同迪昂的论点："那是一篇可怕的指责，它的令人忧伤的部分是：它是正确的。"迪昂批评尽管尖锐和猛烈，但不会是泄私愤、报私仇。迪昂长期延迟为重大冲突而呐喊本身暗示，个人的胜利不是他的目的，让科学战胜谬误，才是他向贝特洛的新作挑战的神圣原因。迪昂把批评文章拿到国外发表，也许是想给贝特洛留点面子。

尽管如此，贝特洛还是察觉并感受到批评的不可抗拒的力量。三年后的 1900 年，他对选举迪昂为通讯院士老练地设障，在秘密投票那天有意缺席。贝特洛日益意识到迪昂在科学上远胜于他，但他仍不愿承认这一点，不想让迪昂在巴黎得到教席，否则就更难保护他的心爱的错误理论了。

迪昂成功地在法国使人们理解了他的观点，这在 1901 年 11 月 24 日变得显而易见。这天法国政治官员和学术精英聚会巴黎大学，庆祝贝特洛科学生涯五十周年。熟悉贝特洛理论的人都注意到，一道看不见的暗影掠过灯火辉煌的庆祝会。贝特洛和数千名挑选出来的客人听到一个接一个的讲演，祝贺他作为化学家的成就，但是没有一个人提及他钟爱的最大功原理，虽则讲演者常常涉及与它密切相关的热化学和化学问题。尤其能说明问题的是，科学院院士、巴黎大学化学教授、未来的诺贝尔奖得主穆瓦桑(F. F. H. Moissan，1852～1907)那天发表了最长的、最详细的专题讲演，居然对最大功原理只字未提。这种缄默有力地证明，科学共同体心照不宣地承认，当年年青的高师学生是正确的，巴黎大学 1885 年对他的宣判是错误的。

20 世纪头一年，迪昂觉得自己尚有余力，于是他面向波尔多有教养的公众开设了关于物理学理论的目的与结构的讲座，这些讲演发表在《哲学评论》上，不久(1906)以书的形式出版，成为科学哲学的经典篇。从 1903 年秋起，迪昂发现了中世纪科学的"新大陆"。此后十多年，他单枪匹马地潜心于中世纪史研究，在临终前出版了十余卷巨著，使他成为一个真正的历史学家。他用翔实的史料表明，中世纪科学并非漆黑一团，近代科学不是凭空突然诞生的，而是立足于中世纪先驱者的思想。在新世纪，迪昂的物理学创造也没有停滞，直到 1906 年年底，他的科学论文都保持着惊人的数量。两大卷的《论能量学或广义热力学》(1911)，则是他终生偏爱的能量学研究成果的集大成著作，这是在 1904～1909 年间为开设特别高等课程而撰写的讲稿的基础上完成的。

在能与之推心置腹交心的布吕内尔逝世后，迪昂的性情随着其声望的增长日渐孤独，他不善交际，也不喜欢交际——这对一个沉思默想的思想家来说也许是幸事。他也完全明白，“政治的”因素日益使得为公开性和公正性的斗争变得毫无效果。但是，由于天赋的善良和生性的刚直，迪昂还是没有“事不关己，高高挂起”。有一次，校方要强行解雇物理实验室一位贫穷勤杂工，迪昂求助校系领导无望，便星夜兼程赶赴巴黎，谋求让公共教育部保留他的职位。工作保全了，而那位勤杂工不久却患病不起。当他在病床上受折磨时，他只许迪昂一人探望他。迪昂也是唯一陪伴他的遗体到墓地的教授，并为这位默默无闻的下层工人脱帽祈祷。迪昂的孤独也是相对于他所警惕的社会和个人而言的，在可信赖的朋友圈子内，他则显得温和宽厚。据迪富克回忆，迪昂很爱他的小孩，喜欢装鬼脸与小生灵嬉戏，为小家伙换尿布、画速写。迪昂虽说是一位大名人，可是他对一切人都一视同仁，不管其年龄大小，职位高低。

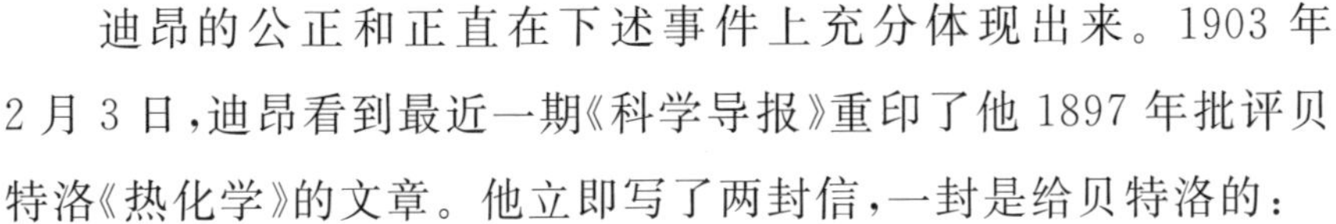

迪昂的公正和正直在下述事件上充分体现出来。1903 年 2 月 3 日，迪昂看到最近一期《科学导报》重印了他 1897 年批评贝特洛《热化学》的文章。他立即写了两封信，一封是给贝特洛的：

> 五年前，我认为批评你的观念是我的责任。今天，《科学导报》重印了我在那时所写的文章。我想使你了解，这次重印是在没有我的授权、没有征求我的意见、甚至没有预先通知我的情况下进行的。我只是在几小时前才看到它已是既成事实。我想让你相信，假如（他们）请

求我同意的话，我是会拒绝的。

另一封强烈的抗议信寄给《科学导报》编辑凯纳维尔(G. Quesneville)。达布事后告知迪昂，凯纳维尔这位理学博士和医学博士对贝特洛的儿子提升而自己遭受冷落心怀不满，才出此“绝招”，给贝特洛父子一点颜色看看。迪昂认为，这种对学术的误用和滥用是对正直原则的破坏，正直要求公开正视自己的对手，开诚布公地澄清是非，而绝不意味着伺机报复或暗箭伤人。迪昂不是在贝特洛失势或逝世后才据理反抗，他也不是刻意报仇雪恨。正如对贝特洛的批评和反抗不带成见和偏见一样，他也不希望背地告密的比佐感到羞辱。迪昂的正直和不妥协的目的在于把公正给予受轻蔑和受诬陷的人，而不是全力以赴压倒有罪之人。贝特洛在 1903 年好像也觉察到，迪昂毫不妥协地批评最大功原理，并不是缺乏正直和记私仇。在 1904 年 1 月迪昂晋升(从最低的四级教授升为三级，年薪增加 2000 法郎)时，贝特洛讲了公道话：“人们必须在这里只估量迪昂的科学价值。”表决结束时，他走到达布和塔内里跟前说，他希望迪昂知道，仅有的一张反对票不是他投的。公正姗姗来迟，但毕竟来了。这也许应了迪昂常说的一句话：“逻辑是永恒的，由于它能够忍耐。”

从那些滥用公众善意的人那里接受恩惠或荣誉，也与迪昂的正直概念不相容。1908 年，当局拟把荣誉勋位勋章授予迪昂，这项显赫的桂冠几年前还是由共和国总统亲自签发的，把它授给一位声望急剧增长的教授也是水到渠成之事。谁知道，迪昂用九个词谢绝了荣誉，他认为从共和国反教权主义中坚人物那里接受这项荣誉对他来说是虚伪的。当时的校长帕代(H. Pade)对此难以置信,他在5月7日写信劝说迪昂。迪昂的回答同样是简单的:"我的原则会迫使我谢绝它。"迪昂对他人从未使用双重标准,他对自己亲属要求更为严格。当他的学法律的外甥兴致勃勃地告诉他,打算去做上议院议长(主要的反教权主义者)的秘书时,迪昂表示坚决反对:"为那些思想是虚伪的和空洞的、心肠是邪恶的人服务,是最无趣的。"

1904年年初,中世纪科学的土地已开始清晰地浮现在迪昂的心理地平线上,他让母亲和女儿也一起分享他探险的激动人心的时刻。当迪昂把从图书馆收集到的中世纪手稿由巴黎和其他地方带回家时,约丹努斯(Jordaus Nemorarius,活动于1220年代)、比里当(Jean Buridan,1300～1358)、萨克森的阿尔伯特(Albert of Saxony,约1316～1390)和奥雷姆(N. Oresme,约1325～1382)等成了全家熟悉的明星。他们看着他译解中世纪神秘的文本,伏案寻章摘句,写满一个又一个笔记本;听到他构想一个又一个的研究和写作计划。母亲看到他顽强不屈的精神再度迸发,但是她老人家未能看到儿子宏伟蓝图的实现,不幸于1906年8月26日晚去世。迪昂受到沉重打击,内心万分痛苦,携女到好友若尔当那里小住了一段时间。从此,他与爱女相依为命。埃莱娜1936年还能清楚地回忆起她与父亲暑期在卡布雷斯潘度假的幸福情景:

远足一开始是与小腿相称的,但是不久小腿小跑得和爸爸的腿一样快了。就是在那时,在如此之多的岁月里,他们翻山越岭,探索整个地区,熟识羊肠小道,访问与

世隔绝的山村和僻远的农庄；他们穿过荆棘和乱石，奋力攀登，直达峰巅，在炎炎烈日之下，筋疲力尽，口干舌燥，可是从绝顶放眼望去，美景尽收眼底，顿时使人心旷神怡。

1908年，迪昂把埃莱娜带到巴黎，交妹妹玛丽照管。埃莱娜长大了，她没有上大学，这既与她的性格有关，也与她对一些宗教使命的感情有关——她献身于社会慈善服务事业。1910年，母亲故居的房产权转移给迪昂，他从此把从母亲那里接受的神圣遗产精心加以照料。每年暑期，他和女儿(有时还有妹妹)都要在卡布雷斯潘小山庄度过将近三个月时间。村民们与这位简朴的教授相处得十分融洽，迪昂对穷人的善心和善行也富有传奇色彩。他常去教会医院看望无人照顾的孤独病人，定期给他们邮寄必要的物品。他慷慨向穷人布施，有时门口竟排起长队，没有一个人被空手打发掉。有一次，一个假装的盲人由女儿引导领了救济品，次日在大街上见到迪昂时忘却他的诡计，向迪昂连声道谢，迪昂没有揭露他。数天后，这位假盲人独自一人又来求助。迪昂批评了他，仍旧给他一份救济品，因为他毕竟是一个贫穷的可怜人。有位神父在迪昂逝世后描述了他最后七年关心和同情穷人的情景：

他时常利用机会走进穷人的寄宿处。不幸的人的苦难撕裂他的心。他知道，付租金对于一些没有工作的人也是沉重的负担，冬天对没有柴火取暖和没有面包充饥的穷人是严酷的。真正慈善的人都应这样做，唯有上帝能够分辨他的博爱的程度。

在1916年之前，迪昂不用说成为波尔多市和波尔多大学的骄傲。贝特洛在1907年逝世，在此前四年他减缓了对迪昂的敌意。尽管李普曼等反对者还在台上，但是达布在1907年还是成功地一致支持迪昂赢得一项纯粹数学和应用数学杰出大奖，奖金10000法郎，比迪昂1904～1910年的年薪还多2000法郎。两年前达布曾支持迪昂入选，但却遭到失败。此次选举迪昂的委员有皮卡尔、达布、彭加勒、阿佩尔、潘勒韦等七人，正式宣布获奖是在12月2日的科学院会议上。在1909年12月20日的科学院年会上，迪昂又被授予比诺克斯奖，这是对迪昂作为一个科学史家的承认。继《静力学起源》(1905～1906)出版后，迪昂又先后出版了《列奥纳多·达·芬奇研究》三卷本(1906，1909，1913)、《拯救现象》(1908)以及关于从古希腊到19世纪的绝对运动和相对运动研究的著作(1909)。他还编辑了中世纪拉丁语手稿，并加了长篇引言，这可与罗吉尔·培根(Roger Bacon，约1214～1294)的《第三著作》相媲美。在此时期，国外有关学术机构也对迪昂表示极大的敬意。他先后被选为鹿特丹的荷兰实验物理学学会会员(1909年7月7日)，意大利威尼斯科学、文学和艺术研究会会员(1912年3月24日)，意大利帕多瓦科学院荣誉院士(1913年5月8日)。波尔多大学校长帕代说得对，“大学因迪昂获得荣誉而增光”，“迪昂是给波尔多大学带来最大声誉的教授”。

从1909年起，迪昂把主要精力用来完成他的纪念碑式的著作《宇宙体系》。1913年年初，公共教育部决定购买这部巨著每卷各

300 本，从而保证了书的顺利出版。这年 3 月，他与出版商签订了一个非同寻常的合同，保证在接着的十年内每年向出版商交 800 页书稿。为此，他尽可能多地取消了有关计划、邀请和约稿，闭门潜心研究和写作。他的朋友若尔当报道说：

> 如果不与任何其他东西比较的话，那么一件事就能使他持续一生，这就是《宇宙体系》。一开始，他肯定没有预想到他的不成熟的目标，但却意识到该事业的庞大规模。一天我问他，他是否有时担心可能看不到它的结局。他对我说："我不认为如此。如果上帝断定这部著作是有用的，他将给我时间去完成它。要不然的话，那又有什么关系呢？"

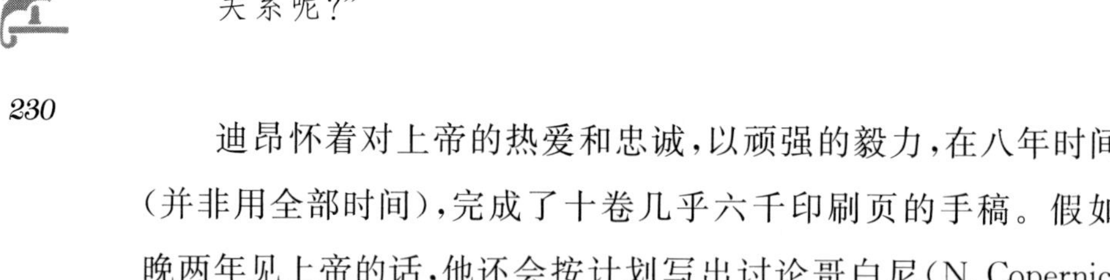

迪昂怀着对上帝的热爱和忠诚，以顽强的毅力，在八年时间内（并非用全部时间），完成了十卷几乎六千印刷页的手稿。假如他晚两年见上帝的话，他还会按计划写出讨论哥白尼（N. Copernicus，1473～1543）成就的另两卷，以及一个无学术注释的三百页概要。

1913 年 3 月 17 日，国家立法机构最终通过巴黎科学院要求增设六个非常驻院士的提案，该提案被搁置了较长时间。事实上，有各种不同奢望和野心的人早在一年前就在幕后积极活动，而迪昂对此连想也不去想。十多年前，他对当选通讯院士的荣誉就看得很淡，更何况现在已过"知天命"之年了。那个时期，他在给女儿的信中这样写道：

> 您告诉我，自从我成了通讯院士以来，我具有较大的影响。我认为，真实的情况正好相反：我的著作越来越一掠而过而不受注意。今年，我的关于电的大部头著作一本也没人买。对我来说，这个荣誉只具有放在棺材里的花环的价值，物理学的先生们把还在活着的我已经钉在这个棺材里了。

对于一个真正的学者来说，他关心和钟爱的只是他的精神创造成果——著作和思想，名誉、地位、官职之类的东西在他看来只不过是过眼烟云，无足轻重。科学院把迪昂列入候选名单之中，迪昂对此不甚在意。数学科学学部执行书记劝说迪昂："我相信，您若谢绝我们想授予您的荣誉，那将是十分错误的。"在这种情况下，迪昂向科学院提交了一百二十五页的《皮埃尔·迪昂的科学书目和工作简介》，开列了三百六十一项出版物，其中有十二种多卷著作。迪昂在《简介》中用近百页的篇幅，提供了他在理论物理学、科学哲学和科学史相关研究中的目的、动机和成就的分析和概要。1913年5月9日，迪昂写信告诉女儿，他已正式授权科学院，把法布尔（H. Fabre）放在他的前面。H. 法布尔是一个正直的基督徒、天才的博物学家，已经90岁了，任何时候都可能去世，迪昂钦佩他的业绩和人格。这件事再次显示了迪昂无私的正直和上帝之爱。

12月8日下午，迪昂在五十七票中赢得四十五票，当选为巴黎科学院非常驻院士。他收到来自国内外的祝贺，法国报纸也对此作了报道。巴黎《费伽罗报》在12月9日这样评论："迪昂以如此明晰、如此漂亮的风格写了许多论著，阅读它们对我们大家都大

有裨益:正是从思想的碰撞中,总是迸发出火花。”波尔多一家报纸这样写道:

> 世界都知道他是法国物理学大师。我们拥有伟大功绩的实验物理学家,但是就理论物理学家即创造者而论,我们只有一个人——迪昂。

1913年年初,波尔多大学天主教学生联合会成立并开始它的活动。该会每两周召开一次讨论会,内容十分广泛。迪昂未参加政治和社会讨论,他不大满意学生联合会的纲领,担心它变成一个政治组织或机构。关于神学和教会问题的讨论,迪昂从未缺席。在短短三年间,他成为联合会的焦点,学生们也把他视为自己的同学。一个学生在1916年回忆说:

> 他极其谦逊,看起来完全像一个“大孩子”。我们看他一直很年轻,充满青春活力。……他言谈举止如此朴实无华、庄重伟岸,人们能够从中注视到异乎寻常的物理学的严格性。他的生动的面庞焕发出的理智力量,他的卓尔不群的独立性,他的心灵的坦荡而炽热的善意——具有奔放的、欢快的、不屈不挠的气势。

1914年6月4日,迪昂在该学生联合会周年宴会上发表祝酒词时,谈到如何对待名誉、地位的问题,谈到良心和道德。熟悉迪昂坎坷生涯和内心境界的人不难看出,它是迪昂思想情操之写照,生活体验之真释，人生智慧之灼见。它必定在听众的心灵上引起强烈的共鸣或震撼：

> 我的亲爱的朋友，请你们不要贪求所有的职位。当一个职位空缺时，你们要问你们的良心：我是需要填补这个职位的人吗？是占据这个恰当位子的名副其实的人选吗？如果你的良心告诉你不，那么你就不要走上前去。如果你的良心告诉你是，那么你一瞥四周。你要探究一下，在你的同行申请者中，是否有人比你更有价值获取你所欲求的岗位。如果你看到有人，你要让他前行；事实上我想说，你要帮助他前行。如果你在你的内心和良心中深切地认识到，你是最有价值获得这个岗位的人，那么你要禁止你自己使用任何在光天化日之下不能使用的手段、任何不是最襟怀坦白的诚实的步骤。……我的亲爱的朋友，你们相信，避免所有这样的斥责的幸福、昂起头而不羞愧的自豪，难道不是对某些冷遇和不公正的充分安慰吗？

6 月 25 日，波尔多大学的女学生成立自己的学生会，要求迪昂主持集会并发表演说。对学生向来十分热情的迪昂此时却面有难色，因为面对许多年青女人，他感到没有把握。机敏的迪昂还是找到了他的开场白：“在你们和我之间竖起一堵高墙，在这堵高墙后面，最疼爱、最信任的女儿即使对他父亲来说也是一个神秘之谜。”迪昂继续说，只有认为女人是一本打开的书的人，才是她自己的精神顾问。在迪昂看来，法国精神是阴柔的。为了把人的自我从两个极端中拯救出来，需要使法国妇女智力生色的品质。

当迪昂讲话时，法军在第一次世界大战中已与德军浴血奋战了将近两年。就在四个月前，在被称为“绞肉机”的凡尔登要塞上，法国三十多万战士献出宝贵的生命。迪昂由衷赞赏法国儿女的英雄行为和牺牲精神，与此同时他也在智力战场上进行他的战斗。前一年他看到《宇宙体系》第三卷出版，第四卷刚刚问世，写到13世纪的第五卷正在最后润色，将于次年出版。此外，他的案头还堆放着几千页达到出版程度的手稿，是同一著作另外五卷的内容。在当选为科学院院士后，他重申他是一个理论物理学家，一篇篇论文发表在科学院的《汇报》和其他刊物上。为了法国的智力事业，迪昂付出了他的全部时间和精力。他1913年2月在写给女儿的信中，提到他强加给自己的工作重担：“我的生活因工作而负荷太重，致使这个学术年的假日到来时，我无法用来旅游。在这些星期，课程正全力进行，我未能成功地做需要做的一切。”可是，他重复了他喜欢的警句：“工作从未杀死任何人。”然而，迪昂恰恰在这一点上错了：过度的工作使他提早走上死亡之路。

自战争爆发以来，德、法两国的科学家和学者也在进行“战争”。例如，德国九十三位知识精英和学术名流发表了臭名昭著的《告文明世界宣言》，为德国的侵略行径辩解。法国的一些知识分子也不甘示弱，针锋相对，表现出强烈的民族主义情绪。迪昂虽说是一位爱国主义者，但是并未滑入极端民族主义的泥潭，他有自己的独立性：他没有像一些法国人那样，先前盲目崇拜条顿人的精神和方法，现在又极力诋毁德国的一切。迪昂在写给女儿的信中表白了他的态度：

> 不太久之前，我使每一个人都返回到我一边，因为我未赞美德国实验室的荒谬理论，并认为德国哲学是危险的和虚伪的，它的历史方法沉浸在坏的信仰之中；现在，一模一样的风气把德国人的一切统统给抹黑。我讲了我不得不讲的话，我将不没完没了地重复我的话；无论如何，为了不像其他每一个人那样去行动，我将要讲德国佬(Boches)的一些好话。

事实上，迪昂已开始撰写“对德国的科学的若干反思”，发表在1915年2月1日的《两个世界评论》上。他认为德国科学家高斯(C. F. Gauss，1777～1855)和亥姆霍兹是人类的纯洁的天才，是未沾染民族倾向的人。他把牛顿视为英国的熟悉的天才，但未把任何法国人放在同样受尊敬的地位上。他肯定德国人在科学中长于逻辑演绎，但是压倒一切的演绎却在黑格尔(G. F. W. Hegel，1770～1831)及其后继者手中导致极坏的唯意志论。

1915年2月25日至3月18日每周星期四，他就德国的科学在天主教学生联合会总部发表了四次专题讲演。由于听众爆满，后三次讲演不得不移至附近的剧院——因政教严格分离，讲演不能在校礼堂举行。迪昂的主要目的，是使学生有意识地抵制外国的尤其是德国的不良智力影响，继承和弘扬法国精神的明晰性理想。5月5日，迪昂在给迪富克(M. A. Dufourcq)的信中谈到他这样做的动机和目的：

> 我像您一样相信，在这种可怕的风暴之后，坚持和加强国家的一致是我们的责任。但是，恰当地讲，除非毫不妥协地严厉对待那些长期扰乱法国理智和道德统一的人，特别是那些能够一再松动统一的人，否则我们便无法这样做。我们将不饶恕他们，尤其是我们将无情地蔑视他们。我们将把他们在如此之多的程度上看做是德国人，我们将不放弃任何机会证明他们在多大程度上转化为“德国人”。十分经常地公开的耻笑是我们最好的武器，我们将常常使用它。在外国思想的辩护者面前，我们将不再是被“学问高深的先生”吓住的胆小的孩子，而在此之前我们一直是胆怯的小孩。我们将公开地、轻蔑地嘲笑他们。在上帝可以容许我在为他服务和为我们热爱的国家服务中度过的岁月里，我确实期待由此获得许多乐趣。

《德国的科学》一书在讲演后两个月（5 月）即印出，并在两个月内售罄，获得广泛的好评和欢迎。迪昂也买了一百本，送给同行和学生。该书的成功使迪昂甚觉宽慰和振奋。接着，他在同年夏天对 17 和 18 世纪的化学史做了考察：一方是德国的施塔尔（G. E. Stahl，1660～1734）和舍勒（K. W. Scheele，1742～1786），另一方是法国的拉瓦锡。他作为一种放松，在几周内完成了一本《化学，它是法国的科学吗？》的小册子，为拉瓦锡作为化学开拓者的独创性辩白，以反对德国化学家关于“化学是德国的”主张。迪昂的“放松”告诉我们，他具有超常的心理能量，同时也说明他剥夺了自己必要的休息。他还为一本文集《德国人和科学》(1916)撰写了“德国的科学和德国人的德行”的文章，文集是由将近二十多位著名法国学者撰稿，其目的在于团结起来捍卫法国的科学和文化。该书的口吻比双方学者生产的其他大多数“战争文献”要严肃一些，而迪昂的文章态度更为拘谨，也比较客观。

1915 年 6 月，为了扶助波尔多地区的战争孤儿和寡妇，成立了一个慈善性质的委员会，迪昂应邀在第一次群众大会上发表讲演，说明委员会的目的和活动。迪昂让与会的二百多位寡妇放心，她们能够得到她们所需要的物质帮助和道义支持。从这年秋天起，迪昂尽可能每个星期天都来委员会，义务从事登记新孤儿和分配物资的工作。

延续几年的无情战争，成千上万的孤儿寡母，接二连三的亲朋战死的噩耗，揪扯着迪昂善良的心。他看到侵略战争的残酷和非人道，看到科学在战争狂人手中的异化。他认为这是反对仁慈和圣灵的罪恶行径，其根源不在科学本身，而在于人的本性堕落。1916 年炎炎夏日，当他在外地主持完学士考试回到卡布雷斯潘时，头脑中浮现出新的计划。关于德国科学讲演的成功启示迪昂，有必要再就公众关心的问题做系列讲座。他计划讨论功利主义对科学的危害，拟写出明春在波尔多的系列讲稿。正在进行的世界大战，难道不是把有用的东西看得至高无上，而忘记真和善的科学的结果吗？在一度处于科学主义支配下的法国，迪昂却考虑到如下观念：

长期以来，科学已不再是无私的探索，以致它使自己

> 服务于功利主义。这是一种反对圣灵的罪孽。因为这种罪孽,上帝在某种意义上已经遗弃了人。其结果,科学转而反对人。正是借助科学,现实的战争是所有战争中最野蛮的。

返回到卡布雷斯潘,迪昂收到图卢兹市立图书馆馆长吉塔尔(E. M. Guitard)的来信,告知该市一位年轻人马塞尔·于克(Marcel Huc)想得到迪昂的文献详目。当迪昂从吉塔尔8月8日的信中获悉,他打算给其提供资料的小于克是图卢兹《通讯》刊物负责人的儿子,并且是一位极为激进的活跃分子时,便打消了拟议的念头。迪昂写信给馆长吉塔尔,说他与报纸负责人的儿子通信不恰当,这容易在我们活着时引起不必要的分裂与不和,希望馆长能善意相告。对于小于克充满阿谀奉迎语句的来信,迪昂没有直接答理。

小于克被及时告知,老于克则火冒三丈。他认为迪昂这位国家雇员拒绝为他儿子服务(当然迪昂没有这个责任和义务必须如此),是出于宗派目的滥用大学教授职权,实际则是不满迪昂伤了他这个有头有脸的人的面子。怒气冲天的老于克把他在9月7日寄给迪昂的信刊登在9月10日的《通讯》头版,从而使事情公开化。该专栏以大黑体字 TOLERANCE(宽容)一词作标题(这岂不是自我讽刺?),他把它放在法国士兵向前线进军的照片之下,显然是为了产生预想的心理效果(迪昂没有儿子上前线)。专栏以小于克的请求开始,接着是迪昂拒绝提供帮助的叙述。老于克把迪昂描绘成声名狼藉、前后矛盾的罪犯。他狡辩说,如果迪昂读《通讯》，那么他就违反了不许他自己受无派性观点玷污的职业原则；如果他不读《通讯》，他这位科学家作为事实的敏锐观察者就对于克先生用非事实的知识构成偏见。

当这样的装着一副可怜相的冷嘲热讽引起迪昂的注意时，更严重的打击已先期降临。他心里很清楚，这是死神在向他招手。那是在 9 月 2 日，当他从山坡返回家里时，他感到难以忍受的艰难和痛苦。当晚夜半时分，心脏病发作折磨着他。他强忍疼痛，不愿去打扰女儿的睡眠，更不用说打扰她的客人——一个她从巴黎带回来沐浴新鲜空气的贫穷孤儿。埃莱娜早晨走到父亲卧室前，才听到父亲痛苦的呜咽。他几乎无法顺畅地讲话了，只听他艰难地说："我正在进行我的战斗。"医生再次误诊为肺病，认为无危险性，而他自己则明白他的健康状况的严重性。第二天，他在谈到病情时说："我理解。这意味着：思考死亡。"几天来，他已无法坚持正常工作，这也许是他思考一生经历的难得机会。他一点也不畏惧死亡，他说："除了在我的女儿能够安全地离开我之前愿上帝留住我之外，我从未向上帝要求任何东西。"迪昂的意思很清楚：女儿已经长大成人了，现在我可以离开人世了。作为一个基督徒，他在身体十分健康时，就在卡布雷斯潘的小教堂里吃了圣母升天节的圣餐。他是为创造永恒而出生的，在已无余力再创造之时，走向永恒的死亡在他看来也许是最佳的选择和最后的归宿。

可是，只要一息尚存，创造永恒的欲望在迪昂身上是难以压抑和止息的。他让医生看了他的工作计划和写作安排，他可能未告诉医生他一生的坎坷经历和所付出的沉重代价，但可能讲了他内心进行战斗的痛苦。作为一个爱国主义者，他为没有儿子上前线保卫国土而感到痛苦。他伤心地向女儿讲了使女儿倍感伤心的话:“我多么想使您是一个小皮埃尔,那我至少会有一个儿子去战斗。”无奈之下,他只能按照自己的方式去战斗。几天来,医生不让他走到邮局散步,过去他常到那儿看战况简报,讲给村民听。他再也不能跋山涉水融入大自然的怀抱了,只能坐在门前的石阶上,眺望神奇的大自然。他现在才发现,从他的前院望去,有值得用钢笔画下来的美景:一行栗子树像串起的珍珠一样排列在院子旁的小河岸边,教堂的尖塔孤零零地耸立在屋顶之上。他还发现在伸手就能触及的老墙根,有许多值得研究的奇花异草。他告诉女儿:“我从来也没有下功夫钻研植物学。我将着手处理它。我们将采集植物,我们恰恰会在我们周围发现许多使我们忙碌的事情。”在屋内的写字台上,放着他正在校对的《宇宙体系》第五卷的校样。

即使在这最后的时分,他的关心远远超越自身。他操心他的学生,他必须在 10 月会见他们。他想到大讲演厅的听众,他们能听清他的声音吗?他患病的消息不胫而走,良好的祝愿源源而来。老于克的攻击事后只不过逗乐了他。他立刻写信给吉塔尔馆长,对事态的出乎预料的发展感到抱歉。尽管老于克煽起不和,他还是满足了小于克的要求。女儿不理解父亲的和解行为,他解释道:“请相信我,这是更为符合基督教的态度。”在也许是最后写的一封信中,他深情地慨叹:“啊,长久地徜徉在我们的山峦!每年这是我的最大的幸运和最大的放松。”迪昂抱怨多雨的天气妨碍他们外出远足。

当他稍微感到有些好转时,他再也无法抑止大自然的召唤,即使不是远山的呼唤,至少也是毗邻小丘的呼唤。他缓慢地走向那里,下坡时感到十分不适。9 月 14 日早晨,当女儿走进他的房间时,他正坐在写字台旁。他中断了前一天的教堂尖塔的速写,准备去邮局看最新的战况简报。为了使女儿高兴,他坐到安乐椅上交谈。话题旋即转向战争。在听到"失败主义者"一词从他嘴里发出时,他开始列举排除法国失败的种种理由。"接着,冷不防地,他无声地倒下去了。他开始气喘吁吁,数秒钟后,他没有恢复意识就断气了。"女儿埃莱娜是这样记叙他的最后几分钟的。他的终生朋友若尔当则如是叙说:"在巨大的疼痛的刺激下,他的面部突然抽搐起来。他在几分钟内未能说一个字就死去了。"在迪昂逝世后不久,意大利理论物理学家马尔科隆戈(R. Marcolongo)教授中肯地评论道:

> 人们感到完全被他所倾倒:他能够独自处置的富有成效的工作如此之众多,学问如此之宏大,对人类精神创造的东西的深究如此之完备,大胆而机灵的比较、重构、诠释如此之富有启发性,思想如此之崇高,明晰而透彻的作家如此之才干。……现在他已经逝去了。他是作为一个冲锋陷阵的战士而死的,也许是因为付出超过常人的辛劳而死的,在不同于姊妹民族战斗的战场上,他为和平、公正和工作而冲锋陷阵。

卡布雷斯潘小村庄给他以能够给予的最高荣誉。在当地教区牧师勃朗(L. Blanc)神父的带领下,一大群地位低微的人陪伴他走向永恒的归宿地。他被葬在小公墓的正中心。在一个石砌的地窟里，他能够永远地休息了。他的女儿埃莱娜1974年4月24日去世后，也葬在这里。埃莱娜·迪昂的白大理石小匾耸立在墓前灰石基座上，灰石碑上刻着迪昂的妻子、双亲、妹妹和弟弟的名字，一些字迹已不大清楚了。墓碑本身用装饰华美的红大理石贴盖着，上面铭刻着十字架，十字架上写着几行简单的文字：科学院院士皮埃尔·迪昂长眠在这里，1916年9月14日逝世，享年56岁。

一颗正直的心脏停止了跳动，一个睿智的大脑停止了思想。只有头顶的微风仍旧在窃窃私语，只有脚下的小溪依然在汩汩低吟，仿佛在诉说一个伟大而平凡的人在坎坷中走向逻辑永恒的动人故事。

五、作为科学史家的迪昂

迪昂是物理学家，他自己也认为他是物理学家，尽管他在其他学科和领域也颇有建树。由于迪昂、彭加勒等人的成就，使法国理论物理学在20世纪焕发出新的荣光。迪昂的科学贡献主要集中在热力学、流体力学和弹性学等领域，而能量学或广义热力学则是迪昂科学生命的核心，是他心目中的理想化理论的胚芽。吉布斯-迪昂方程、迪昂-马古勒斯(M. Margules，1856～1920)方程、克劳修斯-迪昂不等式、菲涅尔-阿达马(J.-S. Hadamard，1865～1963)-迪昂定理等专有名词至今仍然频频出现在相关科学文献里，就是迪昂不朽的科学成就和永恒的科学思想的有力证明。德布罗意的评论对迪昂物理学工作给予恰当总结：

迪昂是一位把美妙的和伟大的工作传赠下来的理论物理学家，今日的物理学家还能够从中发现许多值得研究和有效反思的论题。

关于迪昂的科学贡献，我们不拟在此详述。在以下的篇幅里，我们只想评介一下迪昂这位哲人科学家在他的非主攻方向，即在科学史和科学哲学领域的业绩。迪昂在这两个学科的贡献都是独到的和巨大的，甚至使专业研究者也不免感到吃惊和汗颜。

迪昂虽然从未自诩科学史家，但是他的学术成就和鸿篇巨制却使他成为一位积广流厚的科学史家，成为现代科学史名副其实的奠基人。在这个领域，他也许胜过当时所有其他科学史家，因为没有研究者接近他研究的深度和广度。有人甚至有点言过其实地认为，与迪昂相比，他的同时代的科学史家似乎有点外行人的味道，因为他们缺乏迪昂那样卓越的才干和博大精深的素养。迪昂是第一流的科学家和科学哲学家，他有能力深刻地评价、分析、批判过去的科学工作的内容。迪昂说过，批判任何科学工作，就是要分析和评价它的逻辑结构，它的假设内容，以及它与现象的一致。只有下述科学家用完善的才能和巨大的信心才能做到这一点，这些人创造了基本的科学，同时也是第一流的科学哲学家，而且通晓多种古典语言和现代语言。显然，迪昂是能够完全满足这些条件的科学史家，因此他的科学史工作自然要优于其他科学史家了。

迪昂对科学史的兴趣来源于他的创造性的科学研究。他早就认为，要卓有成效地创造新科学，就要批判地理解科学和科学哲学。为了正确地理解科学思想的连续性，迪昂深入地、广泛地研究了科学的历史。他起初研究科学史，主要是想支持他的科学哲学，而他所进行的科学哲学研究，则是为了支持他的科学研究。其结果，迪昂成为一个智力十分高超的科学家、科学哲学家和科学史家。

迪昂1902年出版的《化学化合与混合：论观念的进化》和1903年出版的《力学的进化》，就是这样的有材料、有分析、有评论的历史批判著作。尤其是后者，可与马赫的《力学史评》(亦译《力学及其发展的批判历史概论》，1883)相媲美。该书的第一编是自然哲学思想发展的权威性的、高明的叙述，它表明各种观念是如何受到赞成、如何发展、尔后又是如何被抛弃的，另一些观念是如何受到偏爱、如何变化、如何在转变中得以保留的。第二编是19世纪末的力学物理学的概观。迪昂当时已经看到，物理学急剧的、持续的、激动人心的成长，已经摇撼了古典力学的根基和古典物理学家的一些信念；由于纠缠到新的问题，力学赖以建立的基础的可靠性受到怀疑，它再次向新的领域进军。

迪昂实际上是单枪匹马地发现中世纪的科学的历史，他对17世纪物理学和古代物理学的发展史也做出有深远意义的和独创性的研究。迪昂幸运地在巴黎图书馆找到许多中世纪的手抄本，他运用大量的原始资料证明，科学的发展总是连续的，从而是进化的，伽利略的思想也是由许多早期的科学工作进化而来的，并不像伽利略本人和其他人认为的那样是最早的。为了充分说明这些观点，迪昂由静力学起源的研究开始他的考察，结果形成了两卷专题著作《静力学的起源》(1905～1906)。迪昂在书中追溯了静平衡原理从古希腊到拉格朗日的发展。他洞察到，近代科学诞生于公元 1200 年左右的中世纪，中世纪的部分成果被 15 和 16 世纪的一群数学家抄袭，他们把这些作为他们自己的贡献加以发表。迪昂谴责这种智力上的腐败现象，他强调指出，传统对于真正的科学进步是必不可少的。

迪昂由建立物理科学历史的实际记载，进而研究各个时代最重大的个人成就，他着手研究达·芬奇的笔记和原始材料，以及 16 世纪科学家的著作。16 世纪的科学家从文艺复兴的人文主义者那里得知，他们的物理学实际上来源于中世纪。人文主义者抱怨中世纪的倒退已成为一种习惯性的浮夸，与此同时却一字不漏地抄录中世纪的科学手抄本——这是人文主义者的知识的真正源泉。

1905 年至 1906 年，迪昂在三卷专题著作《列奥纳多·达·芬奇：他所看到的和看到他的》中，发表了他划时代的研究成果。他运用翔实的中世纪科学的原始资料令人信服地表明，从 13 世纪到 16 世纪，中世纪的大学，特别是巴黎大学起了重要作用。他揭示出，在托马斯·阿奎那之后，出现了对亚里士多德和亚里士多德学派思想的抨击，这是否定希腊哲学关于运动概念的思想开端，它以惯性原理、伽利略的工作以及近代科学而告终。他确认，巴黎大学神学院 1327 年前后的院长让·比里当具有惯性原理的最早思想，并用拉丁术语 impetus（冲力）引入了一个量，这个量虽未明确定义，但却与我们今天所谓的动能和动量的量有关。迪昂分析了稍后的萨克森的阿尔伯特和奥雷姆的著作的重要进展，后者尤其完成了值得重视的工作，因为他关于太阳系的思想是哥白尼的先驱，他关于解析几何的工作是笛卡儿的先驱。接着，迪昂指出，达·芬奇这个具有多方面天赋的人，吸收和继承了他的先驱们的工作，铺平了科学发展的道路。伽利略正是沿着这条道路，继 16 世纪的许多科学之后，明确地开始了近代力学发展的历程。

迪昂然后着手独自一人对科学史——从爱奥尼亚的自然哲学家到古典物理学建立的物理学理论的历史——进行最为不朽、最为系统的研究。迪昂在短时间内所做的开创性的工作之浩繁是令人惊讶的，超越时代的。他计划在四年内写十二卷书，最后只完成了十卷手稿。这部名为《宇宙体系：从柏拉图到哥白尼宇宙学说的历史》在他在世时出版了四卷（1913～1916），第五卷是在他去世后的 1917 年出版的，迪昂的女儿在 1954～1959 年监督出版了其余五卷。在 1908 年，迪昂还出版了一本《拯救现象：论从柏拉图到伽利略的物理学理论的观念》。这部著作是最重要的物理学历史著作的文献汇集，它揭示出形式化的数学在西方科学发展中总是起实质性的作用。该书中的有价值的历史引言，可以看作是《宇宙体系》一书全部观点的浓缩。

迪昂是一位有高度教养、坚定信念和明确感受的人，他的所有判断都与他的基本观点一致。他也是一位热情的爱国主义者和民族主义者，他的爱国感情在一定程度上影响了他的科学观点和价值判断（但从未达到使这些观点和判断绝对无效的程度），结果他倾向于过高估计法国科学家的成就，而低估或贬低其他国家科学家的贡献。他驳斥了奥斯特瓦尔德关于“化学是德国的科学”的论断，批判了德国科学中的蒙昧主义和“自然哲学”倾向。他尤其对英国科学家怀有偏见，认为他们的思想粗俗而浅薄，因为他们缺乏逻辑严密性，对科学的系统数学理论漠不关心（这些批评也不是没有一点道理，而且他从未诉诸恶语和谩骂）。他并未因牛津默顿学院的经院哲学家对运动学理论的贡献而称赞他们，也未因托马斯·布雷德沃丁（Thomas Bradwardine）对亚里士多德运动定律的重新系统阐述的重要性而褒扬他。同时，他却不恰当地高估巴黎大学在新物理学中的意义，过分颂扬比里当、奥雷姆等人的贡献。他的宗教感情也使他过高评价中世纪基督教哲学家的科学的哲学。他称颂巴黎大学的经院哲学家具有月上世界和月下世界都服从同一物理定律的观念，而实际上第一个明确宣布这一点的却是德国中世纪的科学家库萨的尼古拉（Nicholas of Cusa）。尽管迪昂后来在他的著作中冲淡了他对法国人科学贡献的过高估价，但是个人感情方面的因素对他在价值判断中的影响却是显而易见的。当然，迪昂也意识到，要在任何创造性的科学工作的价值方面做出裁决，都需要一定的文化观点，即道德的、哲学的、宗教的和理智的观点。

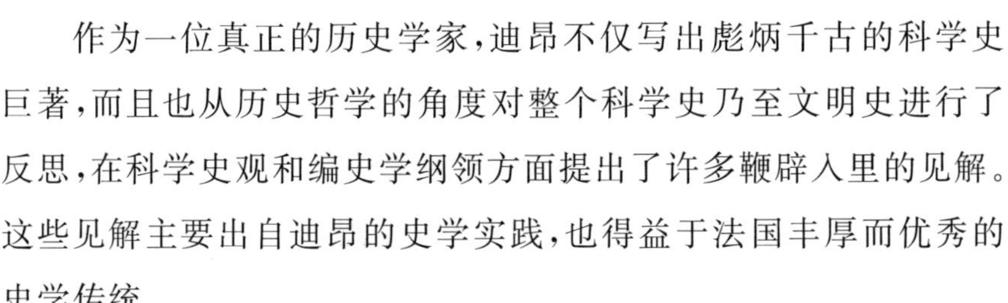

作为一位真正的历史学家，迪昂不仅写出彪炳千古的科学史巨著，而且也从历史哲学的角度对整个科学史乃至文明史进行了反思，在科学史观和编史学纲领方面提出了许多鞭辟入里的见解。这些见解主要出自迪昂的史学实践，也得益于法国丰厚而优秀的史学传统。

迪昂的科学编史学纲领的主要观点是：（一）“历史的真理是实验的真理（truth of experiment）［vérité d’expérience］。为了识别或揭示历史的真理，心智要精确地遵循与揭示实验的真理相同的路线。”（二）“在所有历史探究的开端，正像在一切实验探究的开端一样，预想观念是必要的。”（三）“不存在任何历史方法，也不可能存在任何历史方法”;“历史将永远不是演绎科学”,历史研究需要敏锐的直觉或卓识(good sense)。(四)“在每一个科学领域,但是特别在历史领域,对真理的追求不仅仅需要智力能力,而且也要求道德品质:正直、诚实、摆脱一切偏好和所有激情。”关于如何利用收集到的文献,如何有眼力地细查它,迪昂一口气提出了十个问题:

> 它是可信的吗?它所署的年代日期,它显示的签名,不是事后由某个伪造者或无知者添加的签署吗?它是完备的吗?或者更确切地讲,它不只是一个片段吗;而且,假使那样,缺失部分的范围、性质和意义会是什么呢?它是不偏不倚的吗?作者毫无添加和毫无保留地讲述了他认为是真实的一切吗?他的激情和利益没有导致他夸大、或隐瞒、或篡改他在告诉的事件的一部分吗?或者恰当地讲,相反地,他不可能透彻了解使我们大多数人感兴趣的这些事情吗?我们准确地理解他使用的语言吗?对于他针对他们讲解他提出的思想的那些人来说,这些思想向我们适当地传达了它们具有的含义吗?这里只是附带地触及的、文献的最细微之处呈现的多种多样的问题就是这样的,这才是问题;如果人们要把这种雕刻在石头或金属上、书写在纸莎草纸或羊皮纸或纸上各种各样的记符这种死东西,转换为告诉我们过去时代的惟妙惟肖的、栩栩如生的存在,那就必须解决这些问题。

值得注意的是，迪昂早就提倡一种文脉主义或与境主义(contextualism)的编史学进路：注重科学家和思想家曾经正在工作时的语境或与境，这种上下文的知识有助于我们理解，当使用目前流行的标签或术语的含义时，为什么会出错。因此，他潜入中世纪神学和经院哲学的框架内理解和诠释中世纪的科学：他广泛搜集、严格依赖原始资料，防止过多地用现代的眼光看待过去，力图恢复历史的本来面目，以便正确地鉴别事实在其所处时代具有的真实意义。他在谈到如何诠释和理解与我们相隔久远的物理学家的实验时，也本着这种进路："如果我们不能得到关于我们正在讨论的物理学家的理论的充分信息，如果无法在他们采纳的符号和我们接受的理论所提供的符号之间建立起对应关系，那么这位物理学家借以把他的实验结果进行翻译的命题对我们来说既不真，也不假；它们将无意义，是死的字母；在我们的眼睛看来，它们将是埃特鲁斯坎语铭文或利古里亚语铭文对铭文研究者来说的东西：用译不出的语言写的文献。"迪昂进而指出，前人著作中的许多命题被未读懂它的人看做是极其可笑的错误，可是如果换一种思路在当时的语境或文脉(context)中去诠释和理解，结论就会迥然不同。拿现在最易于理解的方式去读过去的文本，显然是不合适的。

迪昂是历史主义的先驱。历史主义把历史的根本意义看做是一种诠释原则，该原则有各种各样的含义，不同的作者强调不同的方面；它区别自然科学研究的自然世界和历史研究的历史世界：一个研究普遍规律，一个研究个别事实，这要靠历史学家的直觉才能捕捉。迪昂的历史主义也表现在他的这一看法上：人类的历史服务于任何观念的展开，更不必说伟大的观念了。但是，

> 这种伟大的观念并未在我们的目光之下以哲学论述的方式展开它自己。与我们现代的历史学派喜爱的方法一致，那种伟大的观念并不想用普遍命题表达。它宁可揭示它自己，就像它在世界中具体而生动地发展一样；它将通过那些把教导人类作为他们天职的人之口讲话，它将在担忧人民的压力、动乱和革命中激动；人们将看到，它在一大堆杂乱的事件之下穿越。不管它是人的言论还是事实的叙述，这一切都要通过严肃批评的严峻考验，……

迪昂关于人类历史中存在的伟大观念是在历史世界中具体而生动地发展的思想，使他在规律性和独特性、客观性和个人涉入之间保持了必要的张力——这既避免了实证主义的极端偏执，又摆脱了存在主义的矫枉过正，从而在某种程度上克服了历史主义某些固有的弱点。

通过深入的科学史研究和在科学前沿的长期探索，迪昂充分认识到，科学史是一项很有意义、很有价值的事业，这主要表现以下几个方面。

首先是认知价值。迪昂认为，要正确、深入理解任何智力努力或任何一门科学，就必须理解它的起源和发展。了解概念的沿革和准备解决问题的沿革，对于把握概念和解决问题是大有裨益的，乃至是必不可少的。而且，熟悉科学史，也能看清科学的目的、本性和结构，有助于猜测和预见科学的未来趋向，避开误入歧途的诱人时尚。因此，科学史成为科学理性构成中的重要因素，在科学认知中发挥着不可替代的巨大功能。

其次是方法价值。历史方法是一种卓有成效的方法。奥斯特瓦尔德和萨顿都认为,科学史是一种研究方法。迪昂早就对此心领神会。在迪昂的心目中,科学史不仅在物理学理论的建构和完善——例如假设的提出和取舍、实验证据的判断、理论体系的修饰和协调等——中发挥其功能,而且物理学方法本身也离不开科学史的教导:“所有抽象的思想都需要事实的核验,所有科学的理论都要求与经验比较。我们关于恰当的物理学方法的考虑除非把它们与历史教导相对照,否则便不能合理性地加以判断。我们现在必须致力于收集这些教导。”迪昂十分重视“历史方法在物理学中的重要性”,他甚至和盘托出下述论断:

> 给出物理学原理的历史,同时也就是对它做逻辑分析。对物理学调动的智力过程的批判稳定而持久地与逐渐进化的阐明联系在一起,通过这样的逐渐进化,演绎完成了理论,并用它构造出观察所揭示的定律的更精确、更有序的表达。

再次是教学价值。迪昂指出,准备让学生接受物理学假设的合理的、真正的和富有成效的方法是历史方法。重新追溯经验问题在理论形式首次勾勒出来时自然成长所经由的变化,描述常识和演绎逻辑在分析经验问题中的长期合作,这是使学生和研究者了解关于物理科学这个十分复杂的和活生生的有机体的正确而清楚的观点的最佳方式，甚至事实上是唯一的方式。尤其是，做出发现的方法的历史在学习物理学时具有重要意义。在几何学中，演绎法的明晰与常识的不证自明的公理结合在一起，教学能够用完备的逻辑方式进行。可是在物理学中，情况则大不一样，教学不可能是纯粹逻辑的，必须通过历史为每一个基本假设辩护，必须在逻辑要求和学生的智力需要之间妥协。

最后是平衡价值。科学史是一个平衡器，它能使科学家在诸多对立的和竞争的思潮、时尚、观念、方法等之间保持必要的张力和微妙的平衡，它或迟或早总会把一切事物和人控制在其真实大小的范围内，从而避免陷入某一片面的极端而不能自拔。诚如迪昂所言："唯有科学史，才能使物理学家免于教条主义的狂热奢望和皮浪怀疑主义的悲观绝望。……物理学家的精神时时偏执于某一个极端，历史研究借助合适的矫正来纠正他。"

迪昂无疑也认识到科学史的人文价值，因为他一直把科学看做是历史进化中的人的活动和人的事业，尽管他未明确地加以阐述。无论如何，从上述价值可以看出，迪昂对科学史的启发意义和教育意义是心领神会的，他肯定会与富勒(T. Fuller，1608～1661)的下述言论心照神交："历史能使一个年轻人变成一个既没有皱纹又没有白发的老人；使他既富有年事已高所持有的经验，却没有那个年龄所带来的疾病或不便之处。而且，它不仅能使人对过去的和现在的事情做出合理的解释，还能使人对即将来临的事情做出合理的推测。"

六、作为科学哲学家的迪昂

迪昂向来认为，他是一位物理学家，而不是什么哲学家，形而上学不是他的研究领域。然而，迪昂新颖的哲学思想、深刻的哲学著作，尤其是在哲学上的重大而深邃的影响已经证明，他是一位不可小视的科学哲学家，是现代科学哲学的先行者，在哲学史上占有无法动摇的历史地位。

作为在科学前沿开拓的第一流的理论物理学家，作为对科学发展的历史有渊博学识和精湛研究的科学史家，加之迪昂又善于通过这种双重的智力结构思索物理学理论（一般而言科学理论）的成长、发展和范围，因而他具有一般哲学家难以企及的优势。他把严密的逻辑、深长的心理探索和确凿的历史论证巧妙地结合在一起，既显示出逻辑严格性，又体现了直觉的洞察力和历史的启发意义，从而给科学哲学带来时代的新气息。

迪昂的科学哲学思想既体现在他的专门的科学哲学著作中，也弥散在他的各种各样的文章和讲演中。其中，最为有名的是《物理学理论的目的与结构》，它堪称现代科学哲学的经典著作，至今还与当代科学哲学家所讨论的问题和所提出的观念密切相关，其中的许多观点，即使今天读起来还是新鲜的和激动人心的。

《物理学理论的目的与结构》分为两编十一章，外加一个附录。第一编是"物理学理论的目的"，它有四章："物理学理论和形而上学说明"、"物理学理论和自然分类"、"描述理论和物理学史"、"抽象理论和力学模型"。第二编是"物理学理论的结构"，它有七章：

“量和质”、“原始质”、“数学演绎和物理学理论”、“物理学中的实验”、“物理定律”、“物理学理论和实验”、“假设的选择”。附录包括两篇文章，其一是“一位信仰者的物理学”，其二是“物理学理论的价值”。迪昂在该书中构筑了物理学理论的逻辑大厦，确立了物理学理论的自主性。该书贯彻了迪昂下述成熟的思想：关于假设的逻辑作用，定律与理论的关系，测量、实验、证实和诠释在构造物理学理论时的本性，作为与大陆物理学中的数学演绎相对照的英国物理学中的力学模型，物理学理论相对于形而上学说明形式或神学说明形式的自主性，物理学的心智类型，等等。这些结果是迪昂长期的实验经验和教学经验、广泛的历史知识以及深入的哲学思索的产物。

在迪昂看来，物理学理论是从少量原理演绎出的数学命题的系统，其目的在于尽可能简单、尽可能完善、尽可能严格地描述实验定律。迪昂是明晰的和抽象的物理学理论的倡导者，这种理论在逻辑上是完整的、一致的，在数学上是精确的。他认为，物理学理论是物理现象的描述，不是根本的、最终的实在即所谓的形而上学的实在的解释。按照迪昂的观点，

> 说明(explain，explicate，explicare)就是剥去像面纱一样的覆盖在实在上的外观(appearances)，以便看到赤裸裸的实在本身。对物理现象的观察并未使我们与隐藏在可感觉的外观背后的实在发生关系，而是使我们在特定的和具体的形式中领悟理解可感觉的外观本身。此外，实验定律也没有把物质实在作为它们的对象，而确实

是以抽象的和普遍的形式论及这些已获得的可感觉的外观。

迪昂的结论是，物理学理论的目的是描述实验定律而不是解释实验定律，假若其目的是后者，那么理论物理学就不是自主的科学，它就从属于形而上学。迪昂注意到，科学家很少在科学与形而上学之间做出区分，从而许多理论似乎都被视为一种尝试性的说明，是用多余的“图像”成分和说明成分加以修饰。这些理论实际包含着两种成分，迪昂称其为“描述性的”和“说明性的”成分。在这样的理论中，描述性的部分是有价值的，因而它幸存下来，并且对表面上看来不同的理论来说是相同的。迪昂反对物理学中的原子理论，正是出自他的这一观点：可靠的物理学理论不应当包含关于物质终极的内在本性的形而上学假定。他认为，形而上学地构造模型和在物理学中追求粒子的研究不能导致揭示物质内部的终极本性，正如原子物理学这种类型的支持者的朴素实在论导致他们所思考的那样。

其实，迪昂并不是根本反对形而上学。在某种意义上，形而上学也是研究的重要对象，因为它深入到事物的实质并说明现象，因而也应当受到尊重。迪昂的本意是强调二者的区别和各自的职权范围，以免形而上学侵入科学而扰乱科学理论的目的。其实，科学与形而上学是并蒂而生的，又怎能将它们截然分开呢？就连迪昂本人也无法完全摆脱形而上学的纠缠。当迪昂认为人们能够在竞争的理论之间做出区分、能够决定哪一个在某一确定的方面更好地对应于现象的感性表现形式时，他不得不严重地依赖形而上学的信念。而且，迪昂也涉及科学理论进步的另一个形而上学观点：如果人们不相信，与现象的物理表现形式更好对应的理论在某种程度上比所抛弃的理论更好地反映了现象的终极物理实在的话，那么物理学的进步便是不可能的。他提出了一个进一步的形而上学判断：如果人们继续发明关于现象的相互竞争的理论，继续选择与现象的表现形式对应得更好的理论，那么这种持续改善的理论的进步便渐进地趋于这个现象的理论的有限形式。该理论是完全一体化的，十分合乎逻辑的，它把实验定律整理成类似于其的秩序，但并不必然地与其等价，这是一个高度先验的秩序，按此所理解的形而上学实在被分类。迪昂一再明确阐述说，在物理学理论促成进步的程度上，它变得越来越类似于自然分类，这是它的理想目的。物理学方法无能为力去证明这个断言是正当的，但是它若不是正当的，那么引导物理学发展的趋势就依然是无法理解的。理论越完善，我们便越能更充分地理解，排列经验定律的逻辑秩序就是本体论秩序的反映。

迪昂强调的一个引人注目的观点是，不可能有真正的判决实验，能够用来检验理论的任何一个特定假设的真理。一个假设的实验检验必然包含该理论的所有其他假设。因此，理论与实验的矛盾不仅能够通过改变一个被认定是“判决性地”检验了的假设来消除，而且也能通过改变其他假设而保留一个“判决性的”未改变的假设来消除。因此，从实验出发通过归纳不能决定一个假设集，从而有可能存在另一个假设集，它也能够描述同样的现象。正是由于这个理由，大量的假设都偏离了科学家的判断，这意味着理论依赖于个人的情趣（鉴赏力），而情趣则取决于科学家个人的文化素养。因为任何科学理论的假设的选择都是超逻辑的，由理论家的情趣管辖。所以在迪昂看来，引导科学基础建构的是科学史。他以合理的论据表明，形式化的定量的科学方法并不完全适合于物理科学，实验科学的定律和结论不能直接揭示事物潜在的最终本性。迪昂宣称，人们需要相信自己的想象力，以猜测隐藏在现象背后的实在的本性。

迪昂认为，就物理学理论发展的任何阶段而言，任何基本的元素仅具有暂定的和相对的状态。人的精神能够获悉某些关于物理世界真实的内在本性，但是人们不能剥去现象的外观，而获得关于事物终极本性的直接知识。在迪昂看来，要是人们仅仅运用定量的方法，甚至要抽出关于物理世界深刻的内在本性的知识是不可能的。因此，某些定性的考虑也是必需的。物理科学正是在这样的两极之间定向的，即亚里士多德纯粹定性的方法和当代物理学纯粹定量的方法。物理科学由于固执于两极而遭到磨难，片面的方法使它的发展停滞了。今天，尤其是在西方，定量化"狂"已经渗透到人类事业和经验的每一部分，定量化无错误的神话已显示出真正的危险，构成对科学和文明的威胁，因为它带来非人性和物化，并伴随着个人自由和自由探寻的丧失。迪昂当时就意识到这种类型的科学主义的危险。

谈到理论的用处，迪昂指出了以下三点。第一，在几个假设和原理下，它们通过把大量的实验定律演绎地结合在一起，从而能促进思维经济。第二，通过定律的系统分类，它们能使我们根据特定的场合，为达到特定目的而选择我们所需要的定律。第三，它能使我们预言，也就是能够使我们预期实验的结果。

迪昂关于物理学理论构成方法的叙述,显示出他的物理学理论的本质的概念。他认为形成物理学理论有这样四个相继的操作:

> (1)我们选择自认为简单的性质描述我们所要描述的物理性质,其他性质可视为这些简单性质的组合。我们通过合适的测量方法使它们与数学符号、数和量的某个群对应。这些数学符号与它们描述的性质没有固有本性的联系,它们与后者仅具有记号与所标示的事物的关系。通过测量方法,我们能够使物理性质的每一个状态对应于表示符号的值,反之亦然。(2)我们选择少量的原理或假设,作为将要建立的理论的基础或演绎的逻辑前提。它们仅仅是根据方便的需要和逻辑上的一致,把不同种类的符号和数量联系起来的命题,它们并不以任何方式宣称陈述了物体真实性质之间的真实关系。(3)根据数学分析法则把原理或假设结合在一起。理论家计算所依据的数量并非是物理实在,他们使用的原理也并未陈述这些实在之间的真实关系。对他们的要求是:他们的符号系统是可靠的,他们的计算是准确的。(4)这样从假设推出的各种推论,可以翻译为同样多的与物体的物理性质有关的判断。对于定义和测量这些物理性质来说是合适的方法,就像容许人们进行这种翻译的词汇表和图例一样。把这些判断与理论打算描述的实验定律加以比较。如果它们与这些定律在相应于所使用的测量程序

的近似程度上一致，那么理论便达到它的目标，就说它是好理论；如果不一致，它就是坏理论，就必须修正或拒斥它。简而言之，建构物理学理论的四个基本操作是：物理量的定义和测量，假设的选择，理论的数学展开，理论与实验的比较。

迪昂再次强调，真正的理论不是给物理现象做出与实在一致的解释的理论，而是以满意的方式表示一组实验定律的理论。与实验一致是物理学理论真理性的唯一标准。

在这里，我们拟集中介绍一下迪昂的主导科学哲学思想。其一是本体论背景上的秩序实在论（realism in order），这是关系实在论的一种形式。作为一个普通人和科学家，迪昂的实在论似乎是天生的、自然而然的。1893 年自然分类或自然秩序概念的提出，标志着迪昂已经成为一个自觉的实在论者——秩序实在论者。在迪昂看来，“物理学理论的数学定律尽管没有告知我们事物的深刻的实在是什么，但它们无论如何向我们揭示出和谐的某些外观，这种和谐只能是本体论秩序的和谐。物理学理论在完善自己的过程中逐渐呈现出现象的‘自然分类’的特征，……”

自然分类或自然秩序概念是迪昂本体论哲学的核心概念，是迪昂的独特的实在论即秩序实在论的基石，也是把他与形形色色的唯心论和实证论区分开来的根本标识。尽管“物理学理论从未给我们以实验定律的说明，它从未揭示出潜藏在可感觉到的外观之下的实在。但是，它变得越完备，我们就越理解，理性用来使实验定律秩序化的逻辑秩序是本体论秩序的反映；我们就越是猜想，它在观察资料之间建立的关系对应于事物的真实关系；我们就越是感觉到，理论倾向于自然分类”。迪昂指出，物理学家不能解释这种确信，因为供他使用的方法被局限于观察资料。这种物理学方法不能证明，在实验之间建立的秩序反映了超经验的秩序，它也不能猜想与理论所建立的关系对应的真关系之本性。尽管物理学家无力证实这一确信，不过他也无法使他的理性摆脱它。他不能强迫他自己相信，能够把在初次遭遇时如此歧异的大量定律如此简单、方便有序化的体系，会是人为的体系。他在屈从于帕斯卡认为是“理智所不知道的”内心的那些理性之一的直觉时断言，随着时间的推移，他对于真实秩序的信念在他的理论中更清楚、更可靠地反映出来。尽管通过对物理学理论的方法的分析不能证实这一信仰行为，但分析无论如何也不能挫败它。这使人们确信：“这些理论不是纯粹人为的体系，而是自然分类。”

迪昂把自然分类视为物理学理论的目的，并认为趋向这个理想不是乌托邦。迪昂是胸有成竹的。首先，物理学史告诉我们，物理学家总是把实验发现的无数定律统一到一个比较协调的体系内。通过连续而缓慢的进步，最终会形成一个完备的、充分的、逻辑统一的物理学理论，即趋近自然分类的理论。其次，作为自然分类的物理学理论与宇宙论有类似之处。最后，也是最重要的，就是物理学理论的预见功能，它反过来也成为自然分类的理论的检验标准：

> 我们认为分类是自然分类的最高检验，就是要求它预先指明唯有未来将揭示的事物。当实验被完成并确认

从我们的理论所得到的预言时,我们感到增强了我们的确信:我们的理性在抽象的概念中建立起来的关系确实对应于事物之间的关系。

自然分类概念是迪昂错综复杂的物理学思想和科学哲学思想之网的一个关键性的网结。除了刚刚涉及的而外,它也是逻辑和历史的统一,真和美的统一,自然结构与心智结构的统一。自然分类的物理学理论在逻辑上是协调统一的,在历史上是自然进化的,它们是可以相互印证和彼此辩护的。自然分类是本体论秩序的反映,它类似于宇宙论的秩序,显示了自然结构之真。同时,秩序本身就是美,它显示作为自然分类的理论的结构之美以及所描绘的自然的结构之美,从而能够激起人们的审美情感。在迪昂看来,自然的结构、事物的秩序与我们心智的规律是一致的。

其二是方法论文脉内的科学工具论。主要在《拯救现象》以及其他论著中,迪昂在对从柏拉图到哥白尼乃至伽利略长达两千年间的两种研究方法、进路或传统的叙述和评论中,明显地站在拯救现象的传统一边。他实际上秉持的是明显的工具论,这种立场在对哥白尼之后的事件进程的分析和结论中表现得更为淋漓尽致。他说:“不管开普勒和伽利略,我们今天与奥西安德尔(A. Osiander,1498～1552)和贝拉明(R. Bellarmine,1542～1621)一致认为,物理学的假设仅仅是为了拯救现象而设计的数学发明。但是,多亏开普勒和伽利略,我们现在要求它们共同拯救无生命的宇宙的一切现象。”他的结论是:

> 物理学理论的第一批公设并不是作为肯定某些超感觉的实在而给出的；它们是普遍的法则，倘若从它们演绎出的特定结果与观察现象一致，那么它们便令人赞美地起了它们的作用。

迪昂的工具论思想的精髓和真谛在于，排斥本质说明，摒弃绝对真理，反对蒙昧主义，扫除思想障碍，倡导方法多元化。迪昂看到：“方法合适性的程度基本上是个人评价问题；每一个思想家的特定性情，所接受的教育，沉浸的传统，他生活于其中的环境的习惯，都在很高的程度上影响这一评价，从一个物理学家到另一个物理学家，这些影响的变化很大。”迪昂对各种方法——包括他不喜欢的模型和归纳方法——都持宽容态度，因为他明白，发现并没有绝对的法则。他在指出模型方法永远不会启发发现的断言是“可笑的夸大”时说：“发现不服从任何固定的法则。没有一种学说是如此愚蠢，以至它不可能在某一天能够催生新颖而幸运的观念。审慎的占星术在天体力学原理的发展中也起了作用。”

我乐于把迪昂式的工具论命名为“科学工具论”（scientific instrumentalism）。科学工具论的特征是：它是在科学土壤中萌生的，在科学实践中修正和发展的，并用来解决合适的科学问题；它不否认本质主义的常识性和合理性，但却把本质主义从科学的追求中排除出去，至多只不过是在“反映”和“类比”的意义上为它辟出小块地盘；它避免了科学与形而上学和神学的纠缠和冲突，维护了科学的自主性；它主要活动于科学方法论范畴，高扬多元论的方法论，反对一切蒙昧主义的信条和阻碍思想自由的独断论；它与科

学实在论并非针锋相对，而是与其保持必要的张力。科学工具论除了上述特征本身所体现出的优点外，它还具有工具论的公共的长处。工具论由于颇具魅力的简化和对奥康剃刀的运用，从而具有很大吸引力。它朴素，而且十分简单，同本质主义相比更是如此。工具论还具有宽容性、灵活性以及对语言使用的兴趣。工具论也是合理性的，且有客观的含义，它在于人们使用那些不仅被认为是，而且事实上也是导致达到所要求目标的手段。尽管工具论和实在论在某种程度上是对立的，因为工具论把科学限于观察结果的诠释和预言，而实在论试图揭示实在的深层本性。但是，由于迪昂力图在工具论和实在论之间保持一种微妙的平衡或必要的张力，从而把二者协调起来。科学的历史和实践表明，二者的单独行动均不能有效地促进科学的进步，只有它们珠联璧合，才能相得益彰。迪昂深谙此道。

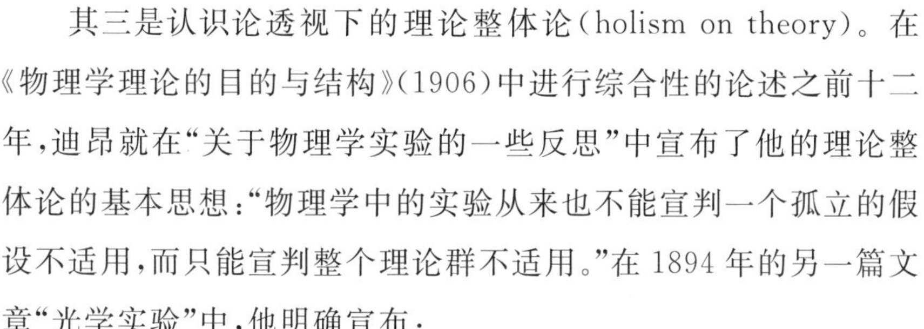

其三是认识论透视下的理论整体论（holism on theory）。在《物理学理论的目的与结构》（1906）中进行综合性的论述之前十二年，迪昂就在“关于物理学实验的一些反思”中宣布了他的理论整体论的基本思想：“物理学中的实验从来也不能宣判一个孤立的假设不适用，而只能宣判整个理论群不适用。”在 1894 年的另一篇文章“光学实验”中，他明确宣布：

> 我们在这里所拥有的不是 O. 维内尔先生所完成的实验的特殊性，而是实验方法的普遍特征；从来也不可能使孤立的假设服从实验检验，而只能使假设群服从实验检验。

迪昂的这篇文章几乎等价于《物理学理论的目的与结构》第二编第四、五、六章的文本，这表明他在1894年就大体上得到关于实验检验的概念和整体论学说。迪昂整体论的核心思想是，物理学理论是一个整体，比较必然是整体的比较，不可能把其中的单个假设或命题孤立地交付实验检验。迪昂通过对实验和理论本性的分析指出，以"理论描述的完整系统为一方"，以"观察资料的完整系统"为另一方，两个体系"必须被包括在它们的整体中"，"把理论的孤立推论与孤立的实验事实比较是不可能的"。"因为物理学中无论什么实验的实现和诠释都隐含地依附于整个理论命题集。"因此，实验方法的证明远非如此严峻或绝对：它起作用的条件要复杂得多，必须小心谨慎从事才行。

> 总而言之，物理学家从来也不能使一个孤立的假设经受实验检验，而只能使整个假设群经受实验检验；当实验与他的预言不一致时，他所获悉的是，构成这个群的假设中至少有一个是不可接受的，应该加以修正；但是，实验并没有指明哪一个假设应该被改变。

由于逻辑未以严格的精确性决定不恰当的假设给更为富有成效的假定让路，由于辨认这个时刻归属于卓识，物理学家可以有意识地使卓识更清醒、更警惕，以促进这一判断，加速科学的进步。

迪昂的理论整体论的思想内涵和精神实质可以概括如下。H_1：物理学理论是一个整体，比较只是理论描述和观察资料两个系统的整体比较；H_2：不可能把孤立的假设或假设群与理论分离开来加以检验；H_3：实验无法绝对自主地证实(verification)、反驳(refutation)或否决(condemnation)一个理论；H_4：判决实验不可能，归谬法在物理学中行不通；H_5：观察和实验渗透、负荷、承诺理论，物理学理论中的理论描述和观察资料两个系统以此结合成一个更大的整体；H_6：经验虽然是选择理论假设的最终标准，但决断则是由历史指导的卓识做出的；H_7：反归纳主义，即归纳法在理论科学中是不切实际的；H_8：反对强约定论，同意弱约定论的某些与整体论相关的主张。迪昂的整体论中的 H_7、H_3 和 H_4、H_8 或多或少等价和符合不充分决定的三大内涵，因而也被称为不充分决定论题。其实，迪昂的整体论包容的思想远比不充分决定丰富、深邃。迪昂的理论整体论是迪昂的哲学创造，它直接或间接地影响了爱因斯坦以及纽拉特(O. Neurath)等逻辑经验论者，并最终影响了奎因(W. O. Quine)，在整个 20 世纪的科学哲学激起了强烈的思想波澜和学术回响。

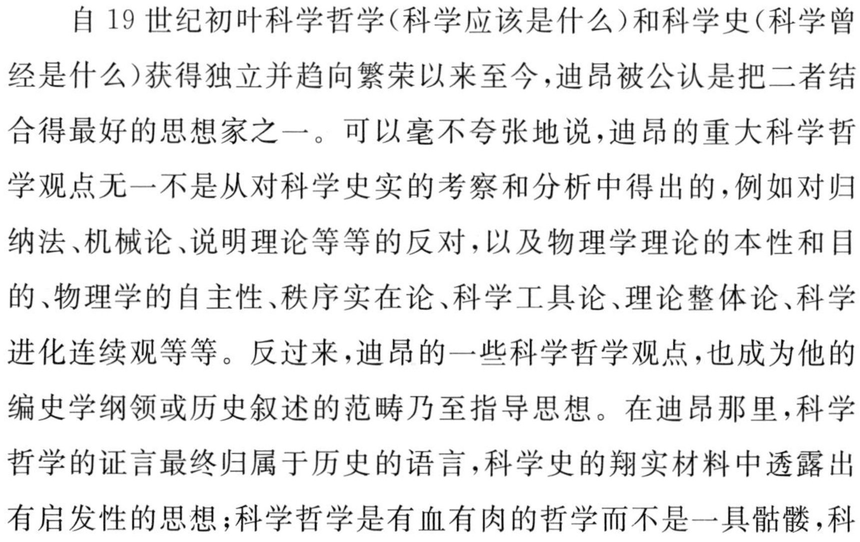

自 19 世纪初叶科学哲学(科学应该是什么)和科学史(科学曾经是什么)获得独立并趋向繁荣以来至今，迪昂被公认是把二者结合得最好的思想家之一。可以毫不夸张地说，迪昂的重大科学哲学观点无一不是从对科学史实的考察和分析中得出的，例如对归纳法、机械论、说明理论等等的反对，以及物理学理论的本性和目的、物理学的自主性、秩序实在论、科学工具论、理论整体论、科学进化连续观等等。反过来，迪昂的一些科学哲学观点，也成为他的编史学纲领或历史叙述的范畴乃至指导思想。在迪昂那里，科学哲学的证言最终归属于历史的语言，科学史的翔实材料中透露出有启发性的思想；科学哲学是有血有肉的哲学而不是一具骷髅，科学史是有思想的历史而不是材料的杂乱堆积。迪昂思想最有吸引力和非同寻常的特征之一，就是把扎实细致的历史研究和有独创性的哲学分析有机地结合起来，迪昂的工作本身就为人们提供了分析科学史和科学哲学二者关系的典型案例，为后来的科学史家和科学哲学家树立了仿效的榜样。

迪昂科学哲学的另一个重要特色是它的多元张力特征。这种特征体现在他的观点和方法上，渗透在他的字里行间乃至具体行动中。其主要表现在以下几个方面。首先，他能够恰当地对待他人的思想和学说，在汲取前人的思想精华的同时，与他们保持必要的思想张力。他认真地研读、分析、批判、扬弃、汲取它们，而不管他们是古典大师、近代精英还是时下名流，也不管他们是哲学家、科学家还是神学家。在熔他人智慧于一炉的同时，他也通过自己的研究和思考，加入新的作料和催化剂，从而熔铸成新的“合金”或“化合物”，而不是他人杂多观点的混乱堆积的“混合物”。其次，他善于在各种对立的“主义”和形形色色的对立观点或思维方式之间保持必要的张力，例如在实在论和工具论、科学的客观性和主观性、逻辑和直觉（或卓识）等之间，他的三个主导哲学思想本身就是在多元思想之间保持必要的张力的产物。有趣的是，迪昂在科学、哲学和宗教之间也保持必要的张力。

迪昂的思想影响是潜在的、持续的、深广的，这既与他涉猎广泛、思想深邃有关，也与它的张力特征有关，以至不同学科、不同倾向的研究者都能从中获取智力酵素和发掘精神宝藏。迪昂对逻辑和语言的重视，直接影响了逻辑经验论路向的分析哲学和语言哲学。迪昂的历史主义，无疑有助于历史学派的崛起和繁盛。迪昂的科学思想和方法论见解，也激励了像希尔伯特和爱因斯坦这样的哲人科学家的灵感和智慧，从而直接或间接地促进了20世纪以来的科学和哲学的发展。

在20世纪初，迪昂的思想曾经被现代科学哲学的奠基者马赫、彭加勒、维也纳学派和波普尔等人认真讨论过，这是迪昂思想产生影响的第一次浪潮。第二次浪潮是由奎因在1950年代掀起的，使迪昂的思想在英语世界得以较为广泛的传播。第三次浪潮可以说起始于1980年代末，其标志是1989年3月在美国弗吉尼亚召开的"皮埃尔·迪昂：科学史家和科学哲学家"国际学术会议。这次浪潮勃兴于世纪之交，并会在21世纪持续"惊涛击岸，卷起千堆雪"。其理由在于：在新的世纪，科学、哲学、宗教、历史之间的关系日益引起人们的关注和探究，迪昂及其著作本身就是一个典型范例和思想源泉。新世纪又是一个科学文化人文化、人文文化科学化以及两种文化融会的时代，集科学精神和人文精神于一体的迪昂无疑会再度复活，为人们所青睐。不用说，迪昂思想的深远而持续的影响，关键还在于它的迷人的魅力和永恒的生命力。

主要参考文献

1. P. Duhem, *Thermodynamics and Chemistry*, Authorized Translation by George K. Burgess, First Edition, Revised, John Wiley & Sons, New York, 1913.
2. A. Lowinger, *The Methodology of Pierre Duhem*, Columbia University Press, New York, 1941.
3. P. Frank, *Modern Science and Its Philosophy*, Harvard University

Press,1950.

4. P. Duhem, *The Aim and Structure of Physical Theory*, Translated by Philip P. Wiener, Princeton University Press, U. S. A., 1954.

5. P. Duhem, *To Save Phenomena, An Essay on Idea of Physical Theory from Plato to Galileo*, Translated from the French by E. Doland and C. Maschler, The University of Chicago Press, Chicago and London, 1969.

6. S. G. Harding(ed), *Can Theories Be Refitted, Essays on the Duhem-Quine Thesis*, Dorrecht: D. Reidel, 1976.

7. P. Duhem, *The Evolution of Mechanics*, Translated by M. Cole, Sithoff & Noordhoff, Maryland, U. S. A., 1980.

8. O. Neurath, *Philosophical Papers 1913-1946*, Edited and Translated by R. S. Cohen and M. Neurath, D. Reidel Publishing Company, 1983.

9. 帕斯卡:《思想录》,何兆武译,北京:商务印书馆,1985 年第 1 版。

10. P. Duhem, *Medieval Cosmology, Theories of Infinity, Place, Time, Void, and the Plurality of World*, Edited and Translated by R. Ariew, The University of Chicago Press, 1985.

11. S. L. Jaki, *Uneasy Genius: The Life and Work of Pierre Duhem*, Martinus Nijhoff Publishing, Dordrecht, 1987.

12. Duhem as Historian of Science, *Synthese*, Volume 83, No. 2, May 1990, pp. 179～323.

13. Duhem as Philosopher of Science, *Synthese*, Volume 83, No. 3, June 1990, pp. 325～453.

14. P. Duhem, *The Origins of Statics, The Sources of Physical Theory*, Translated from the French by G. F. Leneaux, V. N. Vagliente, G. H. Wagener, Kluwer Academic Publishers, Dordrecht/Boston/London, 1991.

15. P. Duhem, *German Science*, Translated from the French by J. Lyon, Open Court Publishing Company, La Salle Illinois, U. S. A., 1991.

16. R. N. D. Martin, *Pierre Duhem, Philosophy and History in the Work of Believing Physicist*, Open Court Publishing Company, 1991.

17. D. G. Miller, Ignored Intellect Pierre Duhem, *Physics of Today*, No. 12,

1966,pp. 47～53.

18. D. G. Miller, Duhem, Pierre-Maurice-Marie, C. C. Gillispie Editor in Chief, *Dictionary of Scientific Biography*, Vol. IV, Charles Scribner's Sons, New York, 1971, pp. 225～233.

19. P. Alexander, Duhem, Pierre Maurice Marie (1861～1916), Edited by P. Edwards, *The Encyclopedia of Philosophy*, Vol. 1～2, New York/London, 1972, pp. 423～425.

20. 李醒民:皮埃尔·迪昂:科学家、科学史家和科学哲学家,北京:《自然辩证法通讯》,第 12 卷(1989),第 2 期,第 67～78 页。

21. 李醒民:简论迪昂的科学哲学思想,昆明:《思想战线》,1989 年第 5 期,第 12～18 页。

22. 李醒民:迪昂的科学进化观,北京:《科技导报》,1996 年第 11 期,第 14～17 页。

23. 李醒民:略论迪昂的科学工具论,北京:《自然辩证法通讯》,第 18 卷(1996),第 5 期,第 1～10 页。

24. 李醒民:略论迪昂的实在论哲学,北京:《哲学研究》,1996 年第 11 期,第 70～77 页。

25. 李醒民:《迪昂》,台北:三民书局东大图书公司,1996 年第 1 版,xiii＋510 页。

26. 李醒民:略论迪昂的编史学纲领,北京:《自然辩证法通讯》,第 19 卷(1997),第 2 期,第 38～47 页。

27. 李醒民:迪昂——在坎坷中走向逻辑永恒,《科学巨星》丛书 7,西安:陕西人民教育出版社,1998 年 9 月第 1 版,第 121～191 页。

28. 李醒民:迪昂的科学成就与哲学思想,北京:《哲学动态》,1999 年第 1 期,第 42～45 页。

29. 迪昂:《物理学理论的目的与结构》,李醒民译,北京:华夏出版社,1999 年第 1 版,ix＋375 页。P. 迪昂:《物理学理论的目的与结构》(汉译世界学术名著丛书),李醒民译,北京:商务印书馆,2011 年第 1 版,xxx＋434 页。该书前面有李醒民写的中译者序"哲人科学家迪昂",全面而简明地评介了迪昂的科学成就与哲学思想。

中译者后记

自上世纪八十年代以来，随着改革开放和国门洞开，国外一些有价值的学术（包括科学）著作纷纷被翻译为中文出版，促进了国内的学术研究和学术进步。但是，在翻译界表面繁荣的同时，也呈露出不尽人意甚至粗制滥造之处。近一二十年，这种猥獕窳劣简直达到不堪入目、无以复加的地步。且不说把“孟子”（Mensius）译为“门修斯”、把“蒋介石”（Chiang Kai-shek）译成“常凯申”令人啼笑皆非，也不说专有名词（人名、地名等）和学术术语之译名叫人莫名其妙。使人更为惊诧和忧虑的是，半生不熟的语句层出迭见，不合中文习惯的欧化句子比比皆是，读起来佶屈聱牙，使人如堕五里雾中。更有甚者，错译俯拾地芥，译著乖谬连篇——连译者自己事后面对不知所云的译文，恐怕也会瞠目结舌的。

在这里，我不拟探究造成这种状况的原因和消解之道，仅想谈谈译者应该具备的四项资质。出版社只要综合这些标准遴选有资质的译者，高质量的译文和译著肯定是有保证的，从而惠及学界，而不至于误人子弟。不用说，要干好任何事情都得认真，认真是事成的最起码的前提条件。

一是外文驾轻就熟。这是从事翻译工作最起码的一项资质。这项资质看似明了，实则对其有莫大误解。有人以为现在大学生都学外文，尤其是外语系的毕业生拥有专业文凭，翻译起来肯定不成问题——其实大谬不然。要知道，我们所说的翻译是笔译，它与讲外语和口译不是一回事，差异相当大。有人虽然外语说得呱呱叫，口译也不打奔儿，但是不见得笔译顺手。因为口语表达往往句式单纯，通畅易懂，而且可以回避一些难点。笔译不同，面对的是错综复杂的句型，还有难分难解的文字。特别是，有些原著概念抽象，内容艰深，作者又善于笔走龙蛇，或喜好舞文弄墨，更是不好对付。译者没有高超的外文水准，没有多年的翻译经验，是无法啃动这样的硬骨头的。

二是中文功底厚实。无论是术语、概念的定名，还是句子的组织和译文的表达，都要用可信、畅达、典雅——信、达、雅是也——的中文传达给读者。即使译者外文不错，如果没有深厚的中文功底，难免译名不确，语句不顺，意思不明，更无法使读者在了解作者原意和思想的同时，得到美的愉悦和享受。*Symposium* 是柏拉图论述爱情与美的著作。symposium 是古希腊宴会后的演讲、交际酒会，是一种具有庆祝意味的礼节和仪式。译者将 *Symposium* 翻译为《会饮篇》，其灵感显然来自古人文准的名句："酒逢知己饮，诗向会人吟"。没有足够的古典文学知识，怎能选择如此富有诗意的译名？即使是简单的译名"幽浮"(UFO)，译者没有一定的中文修养，岂能译得如此传神又谐音？至于堪称美文的译文，多半是译者中文功力酣畅淋漓的挥洒。

三是具备专业知识。这一点十分重要，但是并没有引起当事人的足够重视。对于一般常识性的原著，有一定的文化知识大体就可以应对。但是，要翻译学科性强的原著，没有必要的专业知识则是万万不行的。否则,一不留神就闹出把“科学共同体”(scientific community)译成“科学社区”的外行话,把“能”(energy)译为“精力”的大笑话。尤其是一些比较艰深的科学和哲学原著,译者若对原著涉及的学科内容一无所知或一知半解,是很难把握原文的意思的。面对天书般的文字,有的译者只好胡猜瞎蒙,敷衍塞责。这样的译文,连译者自己都懵懵懂懂,读者怎么能弄清楚是什么意思?译者“以其昏昏”,怎能“使人昭昭”?

四是做过相关研究。这一项资质绝非可有可无,但往往被人忽视。尤其是,对于经典名著的翻译,一个不可或缺的前提是:从事过相关研究,对作者及其思想了如指掌。试想,没有研究黑格尔,你能够翻译《小逻辑》?没有研究康德,你能够翻译《纯粹理性批判》?没有研究马赫、彭加勒、爱因斯坦,你能够翻译他们的科学哲学论著?毫无疑问,你绝对欠缺资质,难以胜任。经典名著是卓越思想家独特的心灵创造,是时代精神的反映,是人类思想史和文化史上的路标。你对作者及其作品以及相关背景未深入研究,就无法把握作者的思想底蕴,触摸作者的敏感心灵,熟稔作者的行文风格,以致很难把原著翻译精确,更谈不上传达作者非凡的精神气质和独到的品味和风格——而这一点恰恰是译者应该尽力做到的。

对于翻译的理想境界,中国译界之翘楚严复有“信、达、雅”之说。钱钟书在论述文学翻译时,把最高理想定为一个“化”字。他引用 17 世纪一个英国人赞美这种造诣高的翻译,喻为原作的“投胎转世(the transmigration of souls)——躯体换了一个,而精魂依然故我”。在这里,我拟把翻译的理想境界用“角色转变,换位移情”加以概括。其要义是:译者转变为作者,作者转变为译者,译者设想我会怎样用外文写作原著，作者——尽管他或她可能作古——设想我将如何用中文翻译译本；译者应该尽可能深入作者的内心世界、话语语境和时代背景，体会作者的思想感情和精神气质，作者应该尽可能站在译者的角度体察，与译者的内心共鸣。此处的作者一般是不可能出场的，而是由译者“羽化”为作者实施的。最后译文达到的美妙境遇是：叫作者用畅达优雅的汉语说行话，让作者用激情四射的汉语写美文。

对译者来说，这样的理想境界当然是很高的，要达到它并非一蹴而就。但是，“虽不能至，然心向往之”——这是每一个译者都应该持有的态度。不管怎样，译者或拟从事翻译工作的人，一定要严肃对待翻译工作，自始至终认真负责。面对出版社的邀请，先把原著拿来看看，掂量一下自己是否有能力承担这一重任。如果自己手头没有“金刚钻”，就不要贸然揽人家的“瓷器活”。否则，自取其辱事小，坑害读者、贻害学界事大。当然，译者要一时具备上述四项基本资质确有难处。但是，他们应该下定决心，通过长期努力和刻苦修行，逐渐向这个目标逼近。译者不妨先从比较容易翻译的文本做起，循序渐进，日积月累，相信终有一天会跻身译坛高手之列的。（以上文字出自我 2010 年 4 月 7 日撰写的短论“译者应该具备的资质”，后来发表在《光明日报》2011 年 9 月 20 日第 11 版）

树立这样一个高标准，相形之下，连本书译者也觉得有点自愧弗如。尽管如此，我之所以斗胆接手译事，一是出于强烈的学术研究兴趣，二是想为学界做点善事。我翻译的经典名著，都是我反复阅读、认真研究过的，我乐于把它们移译出来，呈送给学界和国人，虽然明知付出的劳作与经济回报不成比例。此外，我毕竟还有先前的诸多译著垫底，比如马赫的《认识与谬误》，彭加勒的《科学与假设》、《科学的价值》、《科学与方法》、《最后的沉思》，迪昂的《物理学理论的目的与结构》，奥斯特瓦尔德的《自然哲学概论》，皮尔逊的《科学的规范》（商务印书馆将其列入“汉译世界学术名著丛书”，陆续予以出版）等，都曾经受到读者好评，这也增强了我的自信心。我不敢断言自己完全具备译者的四项基本资质，更不敢妄言自己的译文没有一点错误或一丝瑕疵。但是，可以告慰读者和慰藉自己心灵的是：我是以我的全部心力，如履薄冰、如临深渊地从事译事的；而且一旦知错，我会翻然悔悟，及时纠正的——想必读者定会谅察。

对我而言，翻译迪昂的《德国的科学》以及马赫的《大众科学讲演》，是一次惬意的思想漫游和愉悦的心灵之旅。这种感受出自于我对学术研究的酷爱，因为学术研究已经成为我的生命之依归和人生意义之所在，浸淫其中自然不亦乐乎。另一个不大不小的外在原因是，我拥有自己中意的新书房——“侵山抱月堂”。坐拥书城，静伏书案，茗香四溢，操觚染翰，旁若无人，何其“囊哉”（关中方言，舒坦、畅快之意）。关于侵山抱月堂名称的来源，我 2010 年 6 月 21 日在同名诗这样写道：

> 韦庄《题裴端公郊居》诗云：“暂随红旆佐藩方，高迹终期卧故乡。已近水声开涧户，更侵山色架书堂。蒲生岸脚青刀利，柳拂波心绿带长。莫夺野人樵牧兴，白云不识绣衣郎。”鄙人亦有《秦淮得月楼》，其拙句为：“秦淮得月河畔楼，几人抱月享自由？天上明月不常在，自有素月亮心

头。"其中,"抱月"语出苏轼《前赤壁赋》——"挟飞仙以遨游,抱明月而长终。"在下新拥书房,毗邻西山及其余脉,胜日时有倩影夺眶而来,良夜不乏月华登堂入室,故名之曰"侵山抱月堂",以摹其境,以记其胜,以享其趣,以乐其中。

侵晓山色架书堂,夜阑霁月泛韶光。
淡泊宁静多诗意,学海憩园著华章。

其后又有"再赋侵山抱月堂"(2011 年 2 月 20 日)、"三赋侵山抱月堂"(2011 年 2 月 21 日)和"四赋侵山抱月堂"(2011 年 7 月 15 日)相继觅我——"我不觅诗诗觅我"。我不妨把它们照录如下,愿与有志于学的同道和看重精神生活的广大读者共勉。

学苑憩园两相宜,稳坐书堂美滋滋。
思接千载贯今古,视通万里彻中西。
春日碧山有声画,秋夜皎月无音诗。
借问居士何所求?一瓶一钵足吾痴。

新月随心潜宓室,朝阳着意映明窗。
精鹜八极颐情志,心游万仞娱辞章。

抱月读书神志清,侵山登丘高迈兴。
缘何如许多诗意,端赖静心沐春风。

李醒民

2011 年 2 月 27 日于"侵山抱月堂"

图书在版编目(CIP)数据

德国的科学/(法)皮埃尔·迪昂著;李醒民译.—北京:商务印书馆,2017
(汉译世界学术名著丛书:120年纪念版:珍藏本)
ISBN 978-7-100-14738-5

Ⅰ.①德… Ⅱ.①皮… ②李… Ⅲ.①科学史学—研究—德国 Ⅳ.①N095.16

中国版本图书馆CIP数据核字(2017)第157380号

汉译世界学术名著丛书
(120年纪念版·珍藏本)
德国的科学
(修订译本)
〔法〕皮埃尔·迪昂 著
李醒民 译

商务印书馆出版
(北京王府井大街36号 邮政编码100710)
商务印书馆发行
北京冠中印刷厂印刷
ISBN 978-7-100-14738-5

2017年12月第1版 开本710×1000 1/16
2017年12月北京第1次印刷 印张17½
定价:88.00元